高等职业教育食品类专业教材（职业本科适用）

中国轻工业“十四五”规划教材

焙烤食品加工技术

黄略略　主编

BAKED FOOD PROCESSING TECHNOLOGY

中国轻工业出版社

图书在版编目（CIP）数据

焙烤食品加工技术 / 黄略略主编. — 北京：中国轻工业出版社，2024. 7

ISBN 978-7-5184-4910-1

Ⅰ. ①焙…　Ⅱ. ①黄…　Ⅲ. ①焙烤食品—食品加工　Ⅳ. ①TS213.2

中国国家版本馆CIP数据核字（2024）第063982号

责任编辑：张　靓　　责任终审：许春英　　设计制作：锋尚设计
文字编辑：王　婕　　责任校对：晋　洁　　责任监印：张京华

出版发行：中国轻工业出版社（北京鲁谷东街5号，邮编：100040）
印　　刷：艺堂印刷（天津）有限公司
经　　销：各地新华书店
版　　次：2024年7月第1版第1次印刷
开　　本：787×1092　1/16　印张：12.25
字　　数：265千字
书　　号：ISBN 978-7-5184-4910-1　定价：49.00元
邮购电话：010-85119873
发行电话：010-85119832　010-85119912
网　　址：http://www.chlip.com.cn
Email：club@chlip.com.cn

220732J2X101ZBW

本书编写人员

主　编: 黄略略（深圳职业技术大学）

副主编: 廖进忠（安琪酵母股份有限公司）

周丽珍（深圳职业技术大学）

张正伟（深圳职业技术大学）

参　编: 缪祝群（中国焙烤食品糖制品工业协会）

冷建新（安琪酵母股份有限公司）

陈　艳［中粮海嘉（厦门）面业有限公司］

李　艳（深圳职业技术大学）

曹　鸿（深圳市品道餐饮管理有限公司）

郭　琪（吉安职业技术学院）

前言

改革开放以来，我国焙烤行业经历了低速起步、高速扩张和增速换挡几个发展阶段，产业规模不断壮大，品牌效应明显提高。近年来，随着人民生活水平的持续提升，消费者对焙烤食品有了更高的需求，增品种、提品质、创品牌已成为焙烤食品行业进一步发展的驱动力。行业发展需要职业教育培养更多高水平从业人员。作为职业教育教材，本书的主要宗旨是培养懂原理、会操作、能创新的高素质高技能焙烤人才，促进焙烤行业的高质量发展。

党的二十大报告提出要推进职普融通、产教融合、科教融汇，优化职业教育类型定位，这为职业教育的高质量发展指明了方向，也是本书编写所遵循的指导思想。本书根据焙烤食品的类别分为三个模块的内容：面包加工、西式糕点加工和饼干加工，每个模块包括学习目标、必备知识和实训任务。在必备知识部分，介绍本模块需要了解和掌握的理论知识，并结合产品应用研究案例帮助学生理解；实训任务部分则以具体产品为载体，按照从易到难或难度平行的原则设置实训任务，每个任务包括任务目标、任务描述、任务准备、任务实施、问题反思及产品评价、课后巩固与拓展几个环节。本书的主要特色如下。

1. 围绕立德树人，整体设计课程思政，体现教材的“价值引领”。本书从课程内容映射、烘焙大赛作品、身边榜样和创新创业四个维度开发了课程思政案例库，案例与教材内容高度契合且分布合理。此外，在每个实训任务的拓展部分介绍了该产品的行业发展情况，加深学习者对产品的理解，激发学习者对焙烤行业的热爱，提升职业归属感和自豪感。

2. 通过产教融合，汇集行业企业资源，体现教材的“实用性”。首先，依据目前焙烤行业的现状及发展趋势选择典型产品作为实训项目，促进学以致用。其次，在实训任务中的问题反思部分，汇集了该产品在加工中容易出现的各类问题并进行详细的原因分析，利于学习者自我复盘和提升。最后，在实训任务中的拓展部分设置了该产品的同类产品微课，通过举一反三达到触类旁通，从而支撑开发新产品的创意创新。

3. 践行科教融汇，融入产品研究案例，体现教材的“应用性”。在必备知识部分，融入了由编写团队开展的一系列产品研究案例，图文并茂地展示了研究目的、研究内容和研究结果。通过理论应用于实践的案例分析，强化学习者对知识点的理解，同时潜移默化地强调了理论知识的重要性，启发学习者用理论指导实践，用科学的方法开展应用研究，为产品的创意创新提供有效路径。

本书是集体研究和撰写的成果，由学校教师、行业企业一线人员共同编写。具体分工如下：模块一由黄略略、廖进忠、陈艳、冷建新、缪祝群编写；模块二由黄略略、周丽珍、张正伟、李艳、曹鸿编写；模块三由黄略略、廖进忠、张正伟、郭琪编写。全书由黄略略统稿。同时，我们还开发了与纸质教材配套的数字化资源，包括微课、教案、课件、试题库、课程思政案例库等，利用相应资源在学堂在线开设了在线课程，方便读者自学及教师开展线上线下混合教学。

本书是为焙烤食品加工课程编写的教材，也可以作为教师培训的教材使用，还可供焙烤类大赛参赛人员、行业从业人员等作为参考资料使用。由于编者水平有限，书中难免会有不足和错误之处，欢迎专家、学者和广大师生对本书提出宝贵的意见和建议，以使之更臻完善。

本书的编写出版得到了全国食品产业职业教育教学指导委员会的大力支持和帮助，特此致谢！

黄略略

于深圳职业技术大学

目 录

前 导

一、认识焙烤行业

1. 起源与发展

世界上最早出现的焙烤产品是面包。虽然有大量关于面包的文献记载，但至今我们并不知道人类开始制作面包的确切时间。发酵史的记载表明，奠定现代烘焙食品工业基础的先驱者是古埃及人，他们最早发现并采用了发酵的方法来制作面包，这可能与古埃及是最早的小麦种植国家有关。公元前6000年前，古埃及人将小麦粉加水和马铃薯、盐拌在一起，放在温度较高的地方，利用空气中的酵母来发酵，等面团醒发好之后，再掺上面粉揉成面团放入泥做的土窖中烘烤。

发酵面包于公元前600年传到希腊后，希腊人成为了制作面包的能手。希腊面包师将烤炉改为圆拱式，上部气孔变得更小而内部容积增大，使炉内保温性更好。几个世纪后，罗马人征服了希腊和埃及，面包制作技术又传到了罗马。罗马人改进了面包的制作方法，发明了圆顶厚壁长柄木勺炉，还发明了最早的面团搅拌机。因此，面包师这一职业可以说是从古罗马时期出现的。这个时期，职业面包师所做出的大多数产品都含有大量的蜜糖和油，因此，这些产品更应该被称作酥皮糕点，而不是面包。

1492年，美洲大陆的发现给面点制作带来了一场革命，蔗糖和可可粉开始用于面点中。随着新配方越来越多，烘焙面点也越来越精致。但那时人们只知道发酵的方法而不知道原理，一直到17世纪后才发现了发酵的原理。1857—1863年，路易斯·巴斯德（Louis Pasteur）在研究中证实了酵母在发酵过程中的作用，并发现了其具有兼性厌氧的特性。到了17和18世纪，面包师和面点师开始分工，面点与面包制作通常需要不同的温度，但改变烤炉温度并不容易，因此，两者逐渐开始使用不同的烤炉。

1789年爆发的法国大革命解放了一直隶属于皇室和贵族的面包师和面点师们，他们开始独立经商，这就是现代烘焙的开始。18世纪末，欧洲的工业革命使大批家庭主妇纷纷离开家庭走进工厂。从此，面包工业兴起，制作面包的机械开始出现。19世纪70年代后，人们陆续发明了调粉机、整形机、面团分块机等，机械化使得面包的生产得到了飞跃式发展。

20世纪初，谷物科学技术和科学实验成果开始应用于面包工业，面包的质量和产量都有了很大的提高。1950年出现了面包连续制作法和液体发酵法的新工艺。20世纪70年代以后，为了使消费者能够吃到更新鲜的面包，出现了冷冻面团工艺。

早在三国时期，我国劳动人民就已经采用发面技术来制作馒头。《齐民要术》中记载："起面也，发酵使面轻浮起，炊之为饼。"东汉刘熙的《释名》中解释说："饼，并也，溲面使合并也"。这里的溲面，就是今天说的"发面"。馒头的性质和面包极为相似，都是通过发面做成的。因此，适用于面包的各种材料同样也适用于制作馒头。

面包制作技术是由国外传入我国的。改革开放前，我国焙烤产品的生产还未普及，主要集中在大、中城市生产，制作工艺和生产设备比较简单，品种花色较少。改革开放后，我国焙烤行业发生了突飞猛进的变化。1993年，中国焙烤食品糖制品工业协会成立，带动和见证了烘焙行业的高速发展。

2. 我国焙烤行业发展概况

在改革开放四十多年的发展历程中，我国焙烤行业经历了低速起步、高速扩张和增速换挡几个发展阶段，产业规模不断壮大，品牌效应明显提高，已经能够较好满足我国居民的消费需求。总结来说，行业的发展有以下几个方面的特点。

（1）行业快速增长，产业规模能够较好满足消费需求 1993年，焙烤食品糖制品全行业年产量为490万吨。2021年，全行业年产量为2484万吨，其中面包糕点行业418万吨，饼干行业660万吨。

（2）产业结构逐步优化，多元化体制逐步成熟 焙烤行业是市场化程度较高的行业。随着改革开放的深入进行，外资和港澳台资先后进入，与原有的国有、集体、民营等企业一起竞争发展。市场竞争是残酷的，但也给行业注入了生机勃勃的活力，有力地促进了产业的优化发展。目前，行业内多种体制企业在竞争中共发展的合理产业格局已经基本成熟，产业在有序的竞争中快速稳步地发展。

（3）行业人才培养体制逐步健全，从业人员素质不断提高 行业在引进海外人才和高层次人才的同时，也采取了诸多人才培养措施和专业技能比赛，持续不断地开展多形式、多层次、多方面的行业人才培训工作。经过多年的持续努力，行业从业人员的素质得到大幅提升，为行业的持续发展奠定了人才基础。

（4）技术和装备水平大幅提高，规范化管理意识逐步增强 经过多年的积累和发展，行业内许多企业的生产环境、生产设备和检测水平都有了非常大的改善。许多企业引入了ISO质量管理体系以及危害分析与关键控制点（Hazard Analysis and Critical Control Point，HACCP）体系等，规范化管理意识逐步增强，为保证产品质量奠定了良好基础，也为市场提供更多、更好、更安全的烘焙食品创造了先决条件。

（5）产品质量稳步提高，花色品种日益丰富 随着社会的进步和发展，人们的消费理念日益成熟，对食品的消费意识也在向着安全、营养等方向转变。消费者消费观念的更新推动了企业研发和生产的新思路。另外，行业也在不断地进步和发展，业内的企业越来越重视食品安全、营养和创新。

3. 行业发展趋势

近年来，国内市场线下消费进一步向大型连锁超市和便利店等场景集中，线上消费在行业整体营业收入中的占比逐步扩大，客观上促进了行业向品牌影响力大、资金实力较强的企业集中，而一些盈利能力较差或过度依赖于乡村市场的中小型企业的生存空间进一步被压缩，甚至被淘汰。但由于焙烤行业各子行业间在生产工艺和消费环境方面存在较大差异，行业集中度又各自呈现出不同的特点。

其中，面包糕点行业中“工厂+连锁门店”的经营模式对资金和劳动力要求较高，而“工厂供应超市便利店”的经营模式又会受限于物流配送半径和产品保质期。综合来看，规模以上企业数量仍处于增长通道上，行业集中度较前几年未有显著提升。2022年，一线品牌经营及效益情况依旧稳健，同时，许多新品牌也在不断发展壮大。另外，一些为连锁饼店、便利店、咖啡店供应预包装糕点面包产品、冷冻烘焙成品半成品的生产企业数量也在不断增加。

相比之下，饼干行业基本上是以“工厂供应超市便利店”为主的经营方式，较长的产品保质期有利于企业集中生产和长距离配送，近年来行业集中度不断提高。2022年饼干行业的规模以上企业为623家，2018年为731家，减少了108家，知名品牌的市场占有率逐年稳步提高。

目前，烘焙行业正积极实施“三品战略”，即增品种、提品质、创品牌。通过增品种，传统品牌玩出新花样，比如采用地区特色食材、创新配料等，结合产品特色和市场需求，开发系列新产品。通过产学研深度融合，全面提升产品“科技含量”，达到提品质的目的。通过开展跨界合作，结合一系列创新营销活动，实现创品牌的目的。

二、认识焙烤设备及器具

焙烤设备及器具种类繁多，有常规的，有专用的，一般来说，可分为搅拌类、分割类、成型类和烘烤类。

1. 搅拌类

搅拌最常用的设备有和面机、打蛋器等，手工制作常用到的搅拌工具有两种：手持打蛋器和长柄刮板。手持打蛋器适用于分散及混合操作，比如将粉类物质分散在牛乳中，或者将蛋、牛乳、色拉油等混合均匀等。如果提高手持打蛋器搅打的速度，就变成了打发，可用于奶油或者鸡蛋的打发。打发一般用电动打蛋器或厨师机，前者占地小，适合处理较少物料，后者更为常用。要注意的是，手持打蛋器在分散的同时，会导致消泡，所以对于鸡蛋打发后的混合，不能使用手持打蛋器。而长柄刮板此时就非常合适，采用翻拌的手法，用于避免消泡的混合操作。另外，一些轻柔的搅拌也可以采用长柄刮板，比如熬煮糖浆等。

2. 分割类

分割最常用的设备有自动分割机、分割滚圆机等，手工制作常用到的分割工具有刮板、金属刀具等。刮板适合用来切断柔软的面团，金属刀具一般用于裁制外形较为规则的面片，比如起酥类面团。对于法棍等欧包来说，二次醒发后，需要在表面割包，此时应使用金属割包刀；对于烘烤完成的产品，需要面包刀来进行分割。面包刀是带有锯齿的，可以使切面平整、美观。吐司切片机就是基于这个原理生产出来的设备，间隔相同的锯齿状刀片，结合刀片抖动，将吐司切成固定厚度的片状。

3. 成型类

成型最常用的设备有开酥机、吐司成型机等，成型一般需要使用模具，模具的形状决定了产品最后的大小和外形。模具一般分为金属类和硅胶类两种，金属类又包括含防粘涂层的和不含防粘涂层的两类，从使用的角度来说，有防粘涂层的模具更好。硅胶模具本身柔软可变形，便于脱模，因此具有个性化造型的西式糕点多采用硅胶模具来制作，比如苹果形、柠檬形等。对于面包和蛋糕来说，成型模具是需要一起入炉烘烤的，因此模具本身要耐高温，低温甜点则没有这个要求。此外，裱花工具也属于成型工具，将奶油或豆沙用不同的花嘴挤出，可以做成各种各样的花形。还有一些装饰用的镂空板，也属于成型工具，或者称作装饰工具更为确切。透过装饰板筛下去的粉类物质会形成一个漂亮的图案，比如提拉米苏表面筛可可粉、软欧包表面筛面粉等，都属于这一类。

4. 烘烤类

常见的烘烤设备有层炉、旋转炉、风炉、隧道炉等，最常见的烘烤工具是烤盘，带有防粘涂层的烤盘最为常用，不需要刷油、撒粉等操作。标准烤盘的大小为60cm×40cm，高度2cm以内的浅烤盘比较通用，用来烘烤面包或者蛋糕，高度4cm的深烤盘适合用于注水烘烤乳酪蛋糕等产品。除普通烤盘以外，还有一些自带形状的烤盘，比如汉堡坯烤盘或者玛德琳烤盘，这一类烤盘兼具成型和烘烤双重作用。

三、认识焙烤产品

世界技能大赛的烘焙项目，其比赛内容为各类面包的制作，包括无糖无油面包、高油高糖面包、起酥面包、艺术面包等，所以从狭义上来说，烘焙指的就是加工面包产品，但目前，我们常说的烘焙概念比较宽泛。按照加工工艺的特点分类，可以分为面包类、西式糕点类、饼干类、松饼类，每一类产品又可根据加工工艺的特点进行细分。本教材中选择前三类产品进行介绍，工作任务部分选择了每一类别中细分后的典型产品。

对于面包来说，分类方法很多，按照市场上面包产品销售类别来分，可分为软面包、脆皮面包、硬质面包、吐司面包和起酥面包五类。工作任务从这五类中选择了六个典型产品：甜面包、碱水面包、吐司、法棍、可颂和软欧包来进行详细解读。其中甜面包和软欧包都属于软面包，但因为软欧包种类越来越多，也越来越受欢迎，所以将软欧包单独列出，并进行拓展。

对于蛋糕来说，一般可分为：重油类、乳沫类、戚风类和低温类。工作任务从这四类中选择了五个典型产品：戚风蛋糕、重油蛋糕、乳酪蛋糕、泡芙和芒果慕斯。其中乳沫类没有选择典型产品，因为大部分的知识点和技能点与戚风类有重叠，另外，泡芙作为广受欢迎的西点，也将其列入了西式糕点模块。

对于饼干来说，分类方法也很多，本书实训任务部分选择了比较有代表性的曲奇饼干、苏打饼干和马卡龙作为典型产品进行介绍。其中马卡龙也可以归为西点，但从面糊的制作工艺上来说，它也可以被称为蛋白杏仁小饼干，因此将其作为海绵法制作饼干的典型产品，列入饼干模块。

项目部分整体安排是从易到难或平行安排，比如饼干模块，因为各类饼干面糊的制作工艺不同，基本是平行安排，这里说的从易到难更多的是指一些具体的知识点和技能点，比如学会了甜面包就掌握了面包加工的基础技能，后面再学习法棍和吐司时，对于面团的整形操作要求更高，那么甜面包部分的学习就起到基础和支撑作用。同样，对于蛋糕部分也是如此，先学习戚风蛋糕，掌握了基本的戚风法制作工艺，后面再学习慕斯产品，对于慕斯中蛋糕底坯的制作就有了基础。在每个具体任务中，均拓展1～2个相关产品，通过举一反三，有利于学习者进一步掌握实训任务中的知识点和技能点。

在具体的任务中，将典型烘焙产品加工过程中的知识点和技能点逐个梳理，结合常见问题及原因分析，希望学习者不仅学会怎么做，更重要的是掌握为什么这么做，以及如果遇到问题，要从哪些方面进行分析和解决。

模块一

面包加工

学习目标

知识目标

1. 掌握小麦粉中面筋的概念、组成及作用；掌握酵母发酵的影响因素、常见的酵种及使用；掌握不同工艺阶段面团温度的控制方法；掌握烘焙百分比及其用途；掌握面包配方中的常规物料比例及互换；掌握延缓面包老化的方法。
2. 熟悉一次发酵法和二次发酵法的异同；熟悉酵母的生命周期；熟悉盐、糖、油脂等物料在面包中的常用类型及作用。
3. 了解小麦粉的分类、小麦粉中酶类的作用；了解面包的分类；了解面包老化的机理及影响因素。

技能目标

1. 能区分常见的不同系列面粉间的异同；能手测面粉强度。
2. 能区分常见酵种的异同并能根据需要选择酵种；能对面包的发酵条件进行分析和调整；能根据产品的实际需要选择合适的水及其他物料。
3. 会计算面包配方的烘焙百分比；会对面包配方中各物料比例的合理性进行判断。

素质目标

1. 通过了解世界技能大赛烘焙项目以及我国选手在比赛中的获奖作品，感受技能之美，从而理解并培养对产品品质极致追求的工匠精神。
2. 通过了解全麦粉，以及相关企业对全麦粉生产的技术攻关，认识到科技创新对产业发展的作用，树立科学精神和创新意识。

必备知识

一、小麦粉

面包的种类非常丰富，一般可按照以下几种分类方法进行分类：按照面包的柔软度不同，可将面包分为硬式面包和软式面包；按照用途不同，可将面包分为主食面包和点心面包；按照用料不同，可将面包分为全麦面包、杂粮面包、奶油面包、椰蓉面包等；按照加工工艺不同，可将面包分为软面包、脆皮面包、硬质面包、吐司和起酥面包。各类面包的工艺特点将在不同的任务中逐一介绍，希望学习者在产品的实操训练和对比中去掌握。

小麦粉是加工焙烤食品最基本的原材料，也是最重要的原料之一。小麦粉的性质直接影响面包的加工工艺和品质，比如高筋粉常用来加工面包，而低筋粉则常用来加工蛋糕和饼干，又如小麦粉的吸水能力决定了面团的最大含水量。因此，我们需要掌握一定的小麦粉知识来指导面包产品的加工，在实操失败时，能够从理论角度去发现问题和分析问题，从而解决问题。

1. 小麦粉的组成

小麦粉的化学成分不仅与其营养价值有关，而且很大程度上决定了其加工性能及其产品的品质特性，小麦粉中主要含有碳水化合物、蛋白质、脂质、灰分和酶等化学成分。

（1）碳水化合物 碳水化合物是小麦粉中比例最高的组分，其主要存在形式是淀粉，包括直链淀粉和支链淀粉，直链淀粉一般占19%～26%，支链淀粉一般占74%～81%。如果淀粉的细胞膜完整，淀粉粒外层有一层膜，能保护内部免遭外界物质的侵入，酶便无法渗入细胞膜与膜内的淀粉作用。但在小麦制粉时，由于机械挤压和研磨作用，会造成少量淀粉粒表面薄膜被破坏，这样的淀粉就是破损淀粉。小麦粉中约含有5%～8%的破损淀粉。除淀粉外，小麦粉还含有单糖、双糖及少量糊精，小麦粉中糊精含量为0.1%～0.2%，蔗糖为1.67%～3.67%，还原糖为0.1%～0.5%，这些可溶性碳水化合物在面团发酵时能被酵母利用产生乙醇、二氧化碳等。二氧化碳使面团的气孔膨大并保持在气孔内，这是面包松软的原因之一，乙醇则为面包贡献了特有的风味。

（2）蛋白质 能够出粉的谷物很多，比如大麦、黑麦等，但焙烤食品必需的原材料是小麦粉，原因在于小麦粉中含有面筋蛋白。我国小麦粉中的蛋白质含量随小麦的品种、粒质、产区和小麦的类别不同而不同，一般小麦粉的蛋白质含量在8%～14%，最高的可达16%。小麦粉的蛋白质中，80%左右是面筋蛋白，分为麦胶蛋白和麦谷蛋白两种，因为麦胶蛋白可溶于70%的乙醇，所以又称为醇溶蛋白，两者的比例接近1：1。剩余的为非面筋蛋白，分为麦清蛋白和麦球蛋白。

面筋蛋白虽不溶于水，但能与水结合形成面筋网络，成为面包的骨架。在面粉中加入适量的水，揉成一个光滑面团，将面团在水中揉洗，淀粉和麸皮微粒呈悬浮态脱离出来，其他部分溶于水，剩下的具有黏弹性的物质称为面筋。

用手轻轻握住面包，再放开，面包会逐渐回弹，这是因为面筋具有黏弹性。面筋蛋白中麦胶蛋白决定面筋的黏性，麦谷蛋白决定面筋的弹性。小麦磨粉时，越靠近麸皮的部分蛋白质含量越高，越靠近麦芯的部分蛋白质质量越好，通常成品面粉的面筋中均含有这两种蛋白质，使用时应根据产品需求进行选择。

面筋蛋白中含有18种氨基酸。我国民间有种说法：米要吃新米，面要吃陈面，这是有一定科学依据的。新小麦磨出的面粉中含有较多的半胱氨酸，半胱氨酸含有巯基（—SH），当巯基含量较高时，会使面筋蛋白结构中的二硫键（S—S）结合点无法固定，从而导致面团发黏，结构松散，加工过程中不好操作，而且发酵面团的持气能力下降，会造成产品品质下降。储藏一段时间后，半胱氨酸的巯基被逐渐氧化成二巯基（—S—S），使半胱氨酸转化为胱氨酸，面筋的弹性和强度增强（图1-1）。自然熟化一般需要1～2个月的时间，为了加快氧化进程，可以添加面粉氧化剂进行处理。

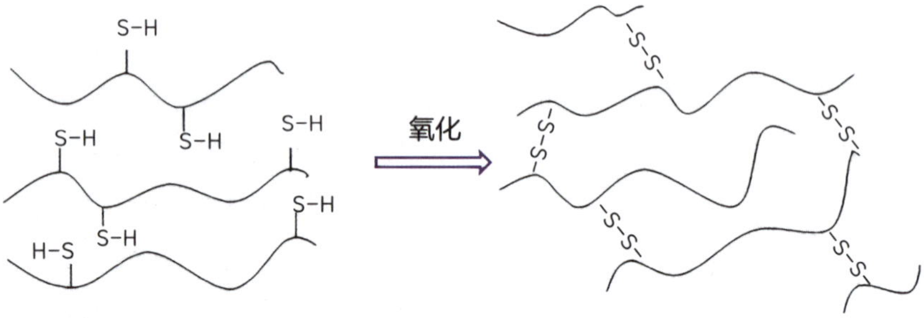

图1-1　半胱氨酸巯基氧化示意图

（3）脂质　脂质是小麦籽粒中的重要组成部分。小麦籽粒中的脂质含量为2.0%～4.0%，胚芽脂质含量最高，为12.0%～18.0%，麸皮中的脂质含量为4.0%～6.0%，胚乳的脂质含量较少，仅为0.8%～1.5%。因此在制粉过程中一般都要尽可能除去脂质含量高的胚芽和麸皮，减少小麦粉中的脂肪含量，提高其储藏稳定性。

小麦粉在加工和储藏的过程中，脂肪氧化分解产生游离脂肪酸，游离脂肪酸的含量与小麦粉的加工方式、储藏温度、储藏时间等密切相关，可通过测定酸价来判断小麦粉的新鲜程度。

（4）灰分　灰分是指面粉中的无机盐，也称矿物质。小麦中的灰分在籽粒各部位的分布很不均匀，大部分存在于小麦糊粉层中，占整个麦粒灰分总量的56%～60%，胚的灰分占总量5%～7%，而胚乳中的灰分很少，仅为0.28%～0.39%。小麦粉中灰分的主要成分是磷（约占50%）、钾（约占35%）、锰（约占10%）、钙（约占4%），以及少量的铁、铝等。小麦籽粒不同部位灰分的差异为检查制粉效率和小麦粉质量提供了一种简便的方法。灰分的多少是由加工精度决定的，所以灰分含量是面粉等级的标志之一。加工精度越高，灰分也就越低；皮层保留越多，加工精度就越低，灰分也就越高。加工精度高的面粉中一般灰分含量为0.3%～0.5%，加工精度低的面粉灰分含量可达1.5%左右。

（5）酶　小麦粉中存在的酶有淀粉酶、蛋白酶、脂肪酶、植酸酶等。淀粉酶和蛋白酶对于小麦粉的烘焙性能和面包的品质影响最大，下面主要介绍这两种酶。

小麦淀粉酶主要包括α–淀粉酶和β–淀粉酶。β–淀粉酶的热稳定性差，加热到70℃活力减少50%，几分钟后即钝化，只能在面团发酵阶段起水解作用。β–淀粉酶水解淀粉分子中的β–1，4糖苷键，以2个葡萄糖分子为单位，规则地剪切糖苷键，产生麦芽糖、少量葡萄糖和有支链的寡糖等。α–淀粉酶的热稳定性较强，加热到70℃时仍能对淀粉起水解作用，并在一定温度范围内，水解作用随着温度的升高而加快，当温度超过95℃时，α–淀粉酶才开始钝化。α–淀粉酶不仅在面团发酵阶段起作用，而且在面包入炉烘焙后仍在继续进行水解作用，这对提高面包的质量有很大作用。α–淀粉酶水解淀粉分子中α–1，4糖苷键，它随机剪切糖苷键，一般认为其产物有单糖、二糖、低聚糖和短链糊精。

正常的小麦粉含有足够的β–淀粉酶，而α–淀粉酶则不足。为了利用α–淀粉酶以改善面包的质量、皮色、风味、结构以及增大面包体积，小麦粉生产企业通常在生产的小麦粉中添加麦芽粉或α–淀粉酶，用来提高小麦粉中α–淀粉酶的活力。但添加量不能过高，否则会使大量的淀粉链断裂，导致面团发黏，操作困难，产品也出现粘牙、持气能力下降等不良品质。

小麦粉中的内源性蛋白酶主要作用于大分子质量的蛋白质，从而使其水解为分子质量较小的多肽链。内源性蛋白酶对面团的白度、黏弹性及硬度等均有影响，作用效果与环境pH有关，在酸性条件下具有明显的水解作用而在中性条件下水解作用并不显著。内源性蛋白酶对烘焙产品的体积也有影响，但对不同品种的小麦粉其作用程度存在明显差异。出粉率高、精度低的小麦粉或用发芽小麦磨制的小麦粉，因含有较高的蛋白酶，会使面筋软化从而降低小麦粉的加工性能。在使用筋力过强的小麦粉制作面包时，可加入适量的蛋白酶制剂，以降低面筋的强度，有助于面筋完全扩展，并有利于缩短搅拌时间。但蛋白酶制剂的用量必须严格控制，而且仅适合于用快速法生产面包。

2. 小麦和小麦粉的分类

小麦粉是小麦经过碾磨，部分或全部去除麸皮和胚，制成的粉状用于制作面制食品的产品。小麦粉的种类与小麦的种类密切相关。

（1）小麦的分类 根据产地可将小麦分为中国小麦、加拿大小麦、美国小麦、澳洲小麦等，中国小麦又可以分为北方小麦和南方小麦。

根据表皮颜色可将小麦分为红麦、白麦和混合麦。

根据播种的季节可分为春小麦和冬小麦。春天播种，秋天收割的为春小麦，秋天播种，第二年春天收割的是冬小麦。春小麦多分布在天气寒冷的地带，如北欧、俄罗斯等地。春小麦中，优良的品种比较多。我国以冬小麦为主，冬小麦颗粒大，出粉率高，但面筋性能较弱。对于面筋比较弱的面粉，需要额外添加面筋蛋白或与其他筋度高的面粉混合来配制面包粉。目前市面上的面包粉有国产的和进口的，只要面筋含量等指标符合标准，都可以用来制作面包，使用时需要根据面包的种类、工艺和品质要求来选择。

根据小麦籽粒硬度和种皮颜色可将小麦分类，单从硬度指数来分，可分为硬质小麦、软质小麦和混合小麦。硬度指数是指在规定条件下粉碎小麦样品，留存在筛网上的样品占试样的质量分数。GB 1351—2023《小麦》中规定，硬度指数≥60为硬质小麦，硬度指数＜45为软质小麦，45≤硬度指数＜60的为混合小麦。

几种典型的小麦见图1–2。

（1）我国硬红春麦　（2）我国软红冬麦　（3）加西红春麦　（4）澳优硬麦

图1–2　几种典型的小麦

（2）小麦粉的分类 根据加工精度可将小麦粉分为精制粉、标准粉和普通粉。

根据面筋性能可将小麦粉分为高筋粉、中筋粉和低筋粉。高筋粉的湿面筋含量要求≥30%，低筋粉的湿面筋含量要求≤24%，中筋粉的湿面筋含量介于两者之间。在使用时，根据产品需求，可将高低筋面粉按比例混合使用，比如比萨面团，一般采用高筋粉和低筋粉7∶3进行混合。在没有标注的情况下，可以通过观察颜色和手指间揉搓来区分高筋粉和低筋粉。高筋粉颜色为乳白色，低筋粉为纯白色；高筋粉在指间揉搓有粗糙感，低筋粉揉搓手感光滑细腻；高筋粉放在手中捏成小块，松手后会立刻散开，而低筋粉放在手中捏成小块，松手后会保持原状。

还可根据目标产品对面粉进行分类，如面包粉、糕点粉、馒头粉、酥性饼干粉、汉堡粉、月饼粉等。此外，还有产品预拌粉，比如面包预拌粉，是将小麦粉、白砂糖、盐、淀粉酶、乳化剂等物质预先进行配制，再以合适的比例与高筋粉混合搅打面团，预拌粉中的配料可稳定和改善面包的品质。

除小麦粉之外，同样以小麦为原料生产的还有全麦粉。全麦粉是以整粒小麦为原料，经制粉工艺制成的，且小麦胚乳、胚芽与麸皮的相对比例与天然完整颖果基本一致。与精制小麦粉相比，全麦粉保留了麸皮和胚芽，使全麦粉含有更加丰富的蛋白质、膳食纤维、维生素、矿物质以及生物活性成分，其全面而又丰富的营养可以更好地解决消费者“显性饥饿”和“隐性饥饿（营养不均衡）”的双重问题。此外，麸皮和胚芽占小麦籽粒的比例较高（约17%），过度加工会造成巨大的粮食资源浪费。如果我国用于加工小麦粉的10%的小麦用于加工全麦粉，增加的面粉质量相当于我国小麦增产200多万吨，而这相当于570万亩粮田的耕地产出。因此，大力发展全麦粉产业，不仅可以促进人民健康，还可以保障国家粮食安全。

全麦粉生产中有几个难题：一是传统的剥刮制粉工艺无法清除小麦表面的微生物、矿物质所造成的污染，所以需要更为严苛的清理工艺和现场管理来控制全麦粉的安全指标；二是颗粒较大的麸皮对面团面筋网络结构的连续性有极强的破坏性和稀释作用，因此麸皮的粒度应控制在合适的范围；三是全麦粉中保留了不饱和脂肪酸含量较高的小麦胚芽，很容易氧化变质，从而影响全麦粉的品质。为此，我国在“十三五”重点研发计划——大宗面制品适度加工关键技术装备研发与示范的子课题中设立了“全麦粉的技术装备及产业化示范”项目。由龙头企业联合众多科研机构共同攻克了多项全麦粉生产和储藏的技术难题，通过创新工艺技术打造出稳定、安全、长货架期、具细腻柔软口感和更易被人体消化吸收的全麦粉制品。

3. 不同面包产品对面粉的要求

不同种类的面包对面粉的要求有所不同。对甜面包来说，采用高筋粉可以使面团有更好的弹性和延展性，能够包裹面团在发酵时产生的气体，从而得到体积更大和组织更柔软的面包；对法棍来说，一般采用高筋粉和低筋粉按比例混合，主要原因是面粉筋度太高不利于法棍的整形；对可颂来说，一般也采用高筋粉和低筋粉按比例混合，因为面筋强度过大不利于面团和片状油的压延。除筋度外，选择面粉还要考虑面粉的吸水能力，吸水能力越强，同种面包的成本越低，同时面包也会更加柔软。搅拌（发酵）耐力也是选择面粉需要考虑的因素，搅拌（发酵）耐力是指面团能承受的搅拌（发酵）时间的能力，即使搅拌（发酵）时间略超过正常范围也能制作出优质面包，适应性强。

不同品牌、不同系列的面粉，其筋度、吸水能力、灰分、淀粉酶的种类和含量等都有所差异，如何选择取决于产品的实际需求。下面通过一个案例来说明面粉原料对面包产品品质的影响。

案例1-1 采用某品牌高筋粉和低筋粉按1：1混合加工法棍，然后将高低筋粉换成T65粉，再次加工法棍，将两者进行对比。两种产品均由同一个人操作，且配方中除面粉外，其他物料均相同。

由图1-3可知，两种不同的面粉对法棍截面的气孔状态影响显著。图1-3（1）中法棍的气孔数量偏少，且大小不均匀，而图1-3（2）中的气孔明显更多且更加均匀。

（1）高筋粉+低筋粉　　（2）T65粉

图1-3　不同面粉加工出的法棍截面

课后拓展

1. 请描述从物料混合开始，到面团搅拌完成的过程中面筋的形成过程。
2. 请你说说面粉中α-淀粉酶和β-淀粉酶的作用及特点。
3. 特制一等粉是否可以用于加工面包？请说说你的理由。

二、有生命的酵母

面包和我国传统食品馒头一样，都属于发酵食品。在商业酵母普及之前，家庭中制作馒头或包子，一般使用天然酵母，天然酵母在空气中、器具表面、原材料中都有可能获得。面团发酵完成后，留下一小块用于下次发酵，这一小块就是酵头。如今，商业酵母已普遍被使用，添加商业酵母使发酵过程更加可控、产品的品质更加稳定。

1. 酵母的结构及组成

酵母是一种单细胞微生物，属真菌类。一般以出芽生殖法繁殖，分布于整个自然界，尤其

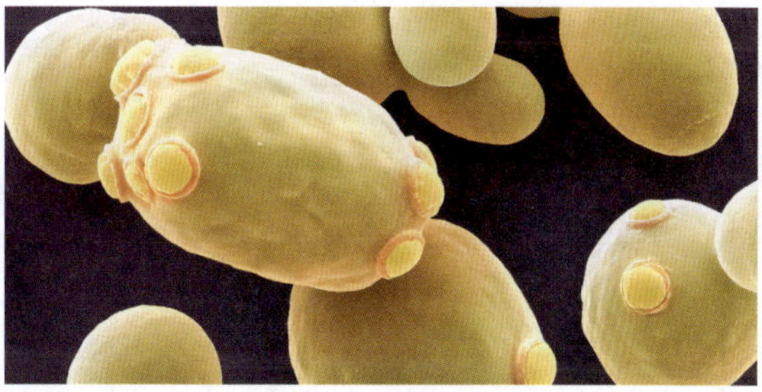
图1-4　面包酵母

是在有糖存在的环境中。最早用于工业化生产面包的酵母是啤酒酵母，后来经分离培养，进一步将其分为酿酒用酵母和焙烤用酵母。酵母的形态大小随酵母种类的不同而各有差异，一般为圆形或椭圆形（图1-4），长5～7μm，宽4～6μm。酵母的结构分为细胞壁、细胞膜、细胞质、细胞核、液泡及内含物。

（1）细胞壁　由多糖类的纤维物质组成，有弹性，其主要作用是保护细胞质及内含物，并有渗透作用。

（2）细胞膜　位于细胞壁内层，具有半渗透性，其功能主要是吸收营养物质和排泄废物。此外，它的外表还分布一些酵母体外酶和转化酶，把不能透过细胞膜的大分子营养物质先在细胞外分解成小分子，再渗入到细胞体内。

（3）细胞质　主要成分是胶体蛋白质，并含有碳水化合物和脂肪，其作用是维持细胞的生命活动。

（4）细胞核　存在于细胞质内，但无固定位置，它的作用是控制细胞的新陈代谢、核酸合成等。当细胞增殖时，移向边缘伸长逐渐分裂为两个部分，一部分移入新生细胞内，维持酵母的特征。

（5）液泡及内含物　酵母液泡是水解酶、聚磷酸、类脂、中间代谢物以及多种金属离子的主要储存场所。酵母液泡中的水解酶可降解蛋白质、核酸和脂质等大分子物质，功能类似于动物细胞中的溶酶体。另外，液泡还具有调节渗透压的功能。

在酵母的干物质中，蛋白质约占52.4%，碳水化合物约占37.1%，灰分约占8.74%，脂质约占1.72%，各物质比例随酵母的种类及培养条件的不同而有所差异。酵母中的蛋白质含量较高，属于高蛋白微生物，而且其蛋白质中富含人体必需氨基酸，除甲硫氨酸含量较少之外，氨基酸组成与肉非常接近，是一种完全蛋白质。

2. 酵母的种类

酵母可分为鲜酵母、半干酵母和干酵母。鲜酵母的含水量约为66%～70%，高含水量使得产品不易保藏，需要结合冷链运输和低温冷藏来进行贮运。即便如此，鲜酵母的保质期依然较短，约为45天。干酵母的水分含量约为5%，往往采用真空包装，可以较长时间保存。半干酵母的水分含量约为20%，兼有干酵母和鲜酵母的部分优点。比较来说，鲜酵母中活细胞多，发酵时间短，而干酵母中死亡的细胞多，死亡的酵母细胞中含有谷胱甘肽，谷胱甘肽会破坏面筋，降低面筋的持气能力。使用干酵母时，为了不使面团的持气性降低，往往选择添加一些改良剂。三种酵母可以按比例进行含量互换，一般互换比例为干酵母：半干酵母：鲜酵母=1：1.1： 2.5。目前干酵母的使用最为广泛，一些规模较大的面包生产厂家也会选择鲜酵母，因为鲜酵母制作的面包风味更好。

有资料显示，干酵母在使用之前需要用30～40℃，4～5倍酵母量的温水溶解并放置10～15min以恢复酵母的活力，这个过程被称为酵母的活化。但目前市售的干酵母都具有足够的活力，无需进行活化，直接与其他物料混合搅拌即可。

酵母还可分为高糖酵母和低糖酵母，高糖酵母可以耐受较高的渗透压，在有糖的条件下发酵力较高，适合含糖量7%以上的面团，一般用于生产甜面包。低糖酵母不能耐受高渗透压，在无糖条件下发酵力较高，适合用于含糖量7%以下甚至不含糖的面团，比如法棍。

3. 酵母的发酵及持续作用

酵母在有氧条件下大规模生长繁殖，在无氧条件下产生乙醇和二氧化碳。如前文所述，二氧化碳会留在面团中使面团膨胀、面包松软，而乙醇是面包特殊风味的来源之一。事实上，酵母的发酵不止是产生二氧化碳和乙醇，还有其他少量的发酵副产物，比如琥珀酸、甘油醇等，整个发酵过程是一个复杂的生物化学变化过程。

$$C_6H_{12}O_6 \longrightarrow 2CO_2\uparrow + 2C_2H_5OH + 100.8KJ$$

酵母的细胞膜为半透膜，只有小分子的物质才能渗透进入，如单糖、盐、氨基酸等。可以被酵母利用作为能量的单糖有葡萄糖、果糖、甘露糖。半乳糖不容易被酵母利用，因为酵母体内不含半乳糖酶。大多数的面包配方中都有糖的存在，最常见的是细砂糖，其主要成分是蔗糖，酵母中的转化酶可将蔗糖分解成1分子的葡萄糖和1分子的果糖，进而被酵母利用。还有一些配方中使用的是葡萄糖浆或者蜂蜜等液态糖。蜂蜜中含有三种糖：葡萄糖、果糖和蔗糖，其中又以前两种为主，蔗糖含量较低，因此很容易被酵母利用。

除上述几种糖外，麦芽糖也可被酵母利用。在无糖无油面包中，酵母发酵主要利用由淀粉酶降解淀粉得到的少量麦芽糖，然后酵母中的麦芽糖酶能够将麦芽糖降解为2分子的葡萄糖，但由于产生的糖量较少，发酵时间较长。

酵母有自身的代谢周期，在室温条件下，酵母的代谢周期为5～6h，在22℃左右时，酵母的代谢周期会延长至10～12h，而在冷藏条件下酵母的代谢周期可被延长至2～3天。如果在加工过程中因为一些原因必须暂停，可将面团放置于较低的温度下以延长酵母的代谢周期。

烘焙师们常说面团是有生命的，其主要原因就是酵母的存在，创造有利于酵母生长的条件，有效控制酵母的发酵过程，才能做出高品质的面包，而这需要丰富的理论知识和实践经验。

4. 影响酵母发酵的因素

温度、糖、渗透压、pH、酵母浓度、乙醇等均影响酵母发酵。

（1）温度 温度对酵母活性的影响非常显著。从表1–1可以看出，20～38℃是酵母活性较高的温度区间，这也是面包加工工艺中常用的温度范围。在这个区间内，温度越高，酵母活性越大，而在20～26℃，酵母发酵相对缓慢。面团的一次发酵基本在这个温度区间，目的是使酵母在较低的温度下进行较长时间的发酵，从而产生更多的风味物质，提升面包的品质。面团的发酵温度根据产品种类的不同而有所变化，一般有两个温度区间，低糖低油脂面包及起酥类面包基本在30～32℃进行发酵，甜面包和吐司类基本在35～38℃进行发酵。

表1–1 酵母活性与温度之间的关系

温度/℃	活性
1	无活性
15～20	活性低
20～32	活性高
>38	反应减缓
60	失活

当温度达到60℃时，酵母会失活。需要注意的是，在面团刚进烤炉的时候，面团温度并没有达到60℃，随后也是面团表面先达到60℃，中心最后达到，所以在面团进入烤炉后最初的一段时间内，酵母仍在作用。此外，有些烘焙新手在称量物料之后，会把酵母置于冰水中进行分散，这是不可取的。正如表1–1所示，1℃左右酵母无活性，在冰水中酵母会迅速失活，导致后期面团无法正常发酵。

（2）糖 如前所述，葡萄糖、果糖、蔗糖和麦芽糖这四种糖可以被酵母利用。相比较而言，单糖的发酵速度较快，其中葡萄糖的发酵速度略快于果糖，蔗糖的发酵速度比两种单糖慢，但比麦芽糖快。发酵时，几乎在葡萄糖、果糖、蔗糖用尽后酵母才会利用麦芽糖。

（3）渗透压 酵母细胞膜是半透膜，所以细胞外溶液浓度的高低会影响酵母的活力。面包加工中，影响渗透压的主要物质是盐和糖，其中盐更容易解离，产生的渗透压更大，当盐的用量达到2%时，酵母的发酵就会受到明显抑制。目前市售面包中，法棍是含盐量最高的面包，含盐量为1.8%。配方中的糖含量为0～5%时，其产生的渗透压不会对酵母造成威胁，而糖能够为酵母发酵提供能量，所以低浓度的糖对酵母的发酵有促进作用；当糖含量超过7%时，产生的渗透压较大，发酵受到抑制。在酵母能够利用的四种糖中，麦芽糖的抑制作用最小。综合考虑糖的营养作用和渗透压作用，如果确需增加糖含量，则需选择高糖酵母。

（4）pH 面包制作时，面团的pH在4～6较为合适。

（5）酵母浓度 常规面包配方中，干酵母的添加量一般为1.0%～1.4%，也就是说1kg的面粉中需要添加10～14g干酵母。夏季温度高，可以加1.0%，冬季温度低，可以加1.4%。需要短时间发酵的面包及含糖量较多的面包一般需要用更多的酵母促进发酵，所以在一些配方中会看到酵母的量高达2%。但酵母量并不是越多越好，酵母量成倍地增加，不会使发酵速度呈倍数增加。

（6）乙醇 面团在发酵的过程中会产生乙醇。少量的乙醇不会影响面团的发酵，但如果乙醇含量较高，则会抑制酵母的发酵。有些面包中会加入提前用酒浸泡的果干，浸泡完成的果干在加入面团之前，需要将酒挤出，以免湿果干带入的乙醇影响发酵。

5. 常用酵种的制作

酵种是指在制作面包时添加的一种提前几小时或者更长时间就开始准备的预发酵面团，也可称为酵头。它可以是比较松软的面团或是液态糊状，也可以是一块搅拌完成的面团。常见的酵种有老面、酸种、液种、烫种、鲁邦种等，下面列举一些常见酵种及其制作方法。

（1）老面　老面在我国的历史非常悠久，又被称为面头、酵头或者面因子，是由酵母、面粉、水、盐制作的可以作为预发酵的发酵种。

配方：高筋粉1000g、水700g、干酵母6g。

做法：将上述物料全部搅匀并搅打出膜，冷藏12h后使用。

在常用酵种中老面的含水量相对较低，能够搅打成团，冷藏时为避免表面干裂，需要用保鲜膜贴面保存。

（2）酸种和液种　传统的酸种一般是用黑麦粉或者全麦粉制作的，起种的时候用黑麦粉或全麦粉，续种的时候可以继续采用之前的粉，也可以换用一般面粉。目前基本采用高筋粉起种。酸种和液种的配方是相同的，不同的是发酵条件。

配方：高筋粉（或T65粉）1000g、水900g、干酵母5g。

做法：充分混匀之后用保鲜膜盖住，室温发酵12h后即为酸种；充分混匀之后用保鲜膜盖住，先室温发酵2h，再冷藏发酵12h后即为液种。

（3）烫种　烫种是不含酵母的酵种，它是利用面粉中淀粉的预糊化使其增加与水结合的能力。淀粉糊化的温度大约为65℃，所以制作烫种时，一般采用90℃及以上的水温，水与面粉的比值在1.1～1.4，将其搅拌均匀，待冷却后使用。

配方：高筋粉250g、水225g（90℃以上）。

做法：将配方中的物料混合均匀后用保鲜膜贴面，冷却后或放置冷藏一段时间后使用。

（4）鲁邦种　传统的鲁邦种是利用面粉和空气中的天然酵母来发酵的，它的基本原料是面粉和水。但天然酵母活性有限，而且受环境影响较大，因此目前大规模生产中使用的鲁邦种都是添加商业酵母的，也被称为快速鲁邦种。

配方：高筋粉1000g、水1000g、蜂蜜50g、干酵母2.5g。

做法：将上述物料全部搅匀，室温发酵2h后冷藏12h使用。

在工业化生产中，为了大规模生产和保证产品稳定，均采用商业酵母发酵。除烫种外，酵种的存在使得后续的主面团加工过程发生二次发酵，大大增强了发酵带来的风味，提升了面包品质。添加烫种的目的主要是延缓面包的老化，使面包在保质期内持续具有湿润的口感。在面包配方中，这些酵种常常被搭配使用。

6. 酵母在面包加工中的作用

（1）膨松作用 酵母在面团发酵中产生大量的二氧化碳气体，由于面包网状组织结构的形成，气体被留在组织内，使面包疏松多孔，体积变大膨松。

（2）面筋扩展作用 酵母发酵除产生二氧化碳气体外，还能够使面筋扩展，提高面团的持气能力。化学膨松剂则没有这样的作用。

（3）提升面包的风味 发酵过程中的一系列产物，如醇、醛、酯、酮、酸等都会给面包增添特别的风味。研究表明，在面包的挥发性成分中，醇类所占的比例最大，约占50%以上，醇类化合物主要包括乙醇、2–甲基丙醇、3–甲基–1–丁醇等，其中乙醇的相对含量是醇类化合物中最高的，这主要来源于面包中酵母的代谢。酵母菌能够将可发酵的糖类转化为乙醇并在烘焙过程中蒸发，剩余的乙醇可再被其他有机酸转化成酯类等化合物，从而使面包的风味成分更加丰富。

（4）增加营养价值 酵母的主要成分是蛋白质，含量几乎占干物质的一半，其中谷物较缺乏的赖氨酸含量较高。此外，酵母还含有大量的B族维生素，每克干物质中含有20～40 μg维生素B_1、60～85 μg维生素B_2、280 μg左右的烟酸等。这些营养成分提高了面包的营养价值。

课后拓展

1. 鲜酵母、半干酵母和干酵母各自有何特点？
2. 在无糖无油面包中，酵母如何获得能量？
3. 在常用的酵种中，你都用过哪些？请总结使用酵种后面包的品质特点。
4 请你查阅文献，说说检测面包中的香气成分都有哪些方法。

三、面包中的其他原料

加工面包的四大必备原料是面粉、水、酵母和盐，这也是无糖无油面包的配料，但对于绝大部分面包来说，仅仅用这四种原料是不够的，还需要添加其他物料来提供更好的加工性能和更好的口感，从而丰富面包的品类。

1. 水

水是面包加工中的重要原料，其用量仅次于面粉，因此正确认识和使用水，是保证面包质量的关键之一。

（1）水质对面包加工的影响 合适的面包用水中要含有一定的矿物质。一方面酵母发酵需要矿物质，另一方面，适量的矿物质可以增加面筋的强度。一般来说，矿物质浓度为100～150mg/kg的水适合用来加工面包。下面通过三个案例来说明不同种类的水对面包品质的影响。

案例1-2 分别采用苏打水和自来水加工吐司，除水的种类不同之外，其他物料都相同，且由同一个人根据标准流程操作。

从图1-5可知，苏打水加工的吐司高度为12.8cm，低于自来水吐司的14.0cm。此外，两种吐司在颜色上也存在明显差异，苏打水加工的吐司颜色更深。首先分析高度差异的原因，酵母的最适生长pH范围为4～6，而苏打水的pH为9.0，搅打成面团后，面团的pH为6.4，超过了酵母的最适生长pH范围，所以发酵效果不如自来水。颜色差异的原因是碱的存在，碱可以使淀粉更容易降解，从而降低了美拉德反应的门槛，使得美拉德反应更容易发生，从而产生更多的美拉德反应产物，比如5-羟甲基糠醛（5-HMF）就是褐色的物质。

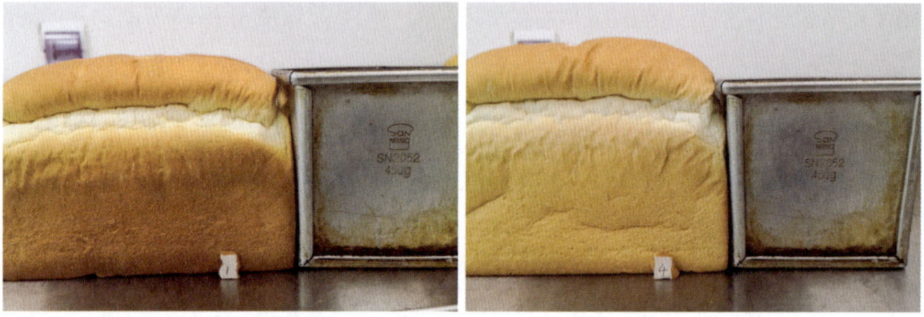

（1）苏打水吐司　　（2）自来水吐司

图1-5　苏打水和自来水加工而成的吐司

案例1-3 分别采用纯净水和自来水加工吐司，除水的种类不同之外，其他物料都相同，且由同一个人根据标准流程操作。

从图1-6可知，用纯净水加工吐司，成品体积小，膨发效果很不理想，两者的差异可归结为水中的矿物质含量不同。深圳地区自来水的矿物质浓度一般在50～120mg/kg，包括$CaCl_2$、$MgCl_2$等，而纯净水则几乎不含矿物质。矿物质的存在能够增强面筋的弹性和持气能力。如果只有纯净水可用，可以通过提高食盐的比例来增加矿物质含量。在案例1-3中，把配方中食盐的比例从1.0%提高到1.25%，可以解决吐司膨发不足的问题，且这个比例的提升不会导致吐司有明显的咸味。

案例1-4 分别采用3个常见品牌的天然矿泉水和自来水加工吐司，除水的种类不同之外，其他物料都相同，且由同一个人根据标准流程操作。3种矿泉水和自来水加工而成的吐司见图1-7。

（1）纯净水吐司

（2）自来水吐司

图1-6 纯净水和自来水加工而成的吐司

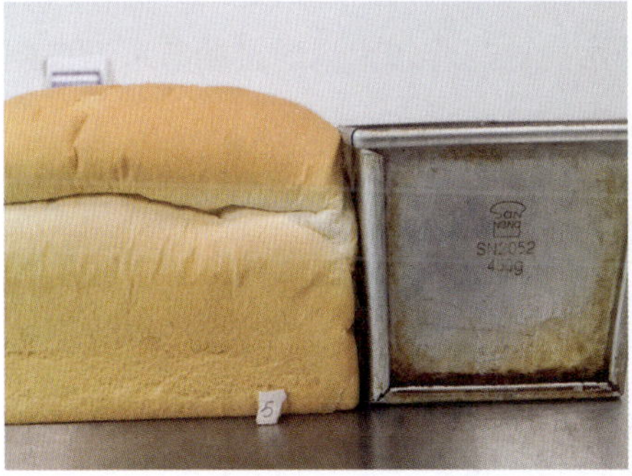
（1）1号矿泉水吐司

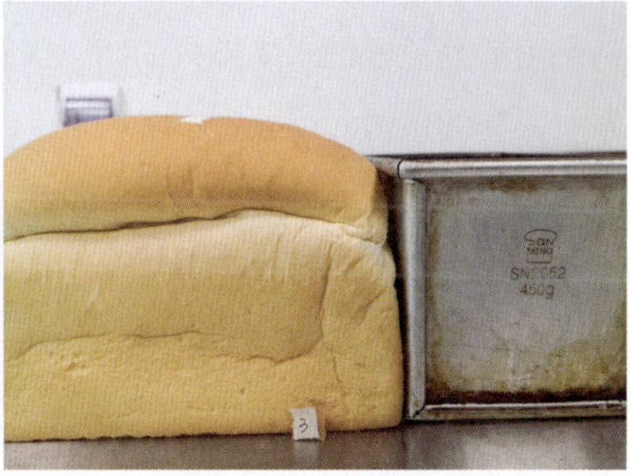
（2）2号矿泉水吐司

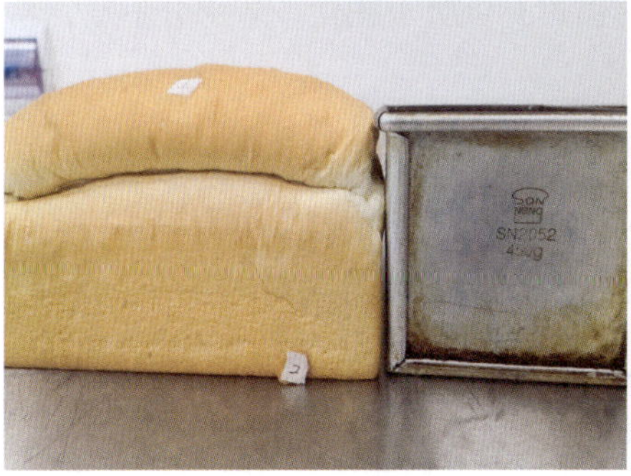
（3）3号矿泉水吐司

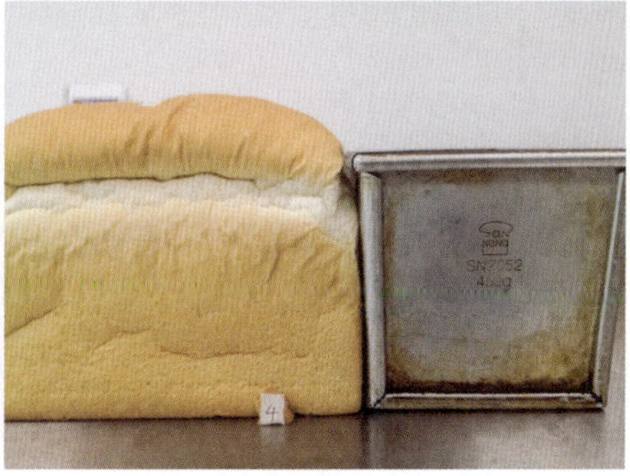
（4）自来水吐司

图1-7 3种矿泉水和自来水加工而成的吐司

通过案例1-2和案例1-3可知，pH和矿物质含量是选择面包用水的两个重要影响因素。在这个案例中，同样通过这两个因素进行比较。先比较pH，3种矿泉水和自来水的pH差异明显（表1-2），但搅拌后面团的pH差异不明显，换句话说，从pH的角度，三种矿泉水都适合用于加工面包。

表1-2 三种矿泉水和自来水的性质差异

性质	1号矿泉水	2号矿泉水	3号矿泉水	自来水
水的pH	8.0	8.2	7.8	7.3
面团pH	5.8	5.8	5.7	5.5
水中矿物质浓度/（mg/kg）	400	300	45	200
吐司高度/cm	14.0	13.9	13.0	14.0

再比较矿物质含量。和自来水相比，1号和2号矿泉水的矿物质浓度都明显高于自来水，但3号矿泉水中的矿物质浓度很低，远远低于自来水，这就是3号矿泉水加工的吐司高度明显低于其他3种吐司高度的原因。通过这个案例可以得出结论，有些矿泉水是可以用来做面包的。

（2）水温对面包加工的影响 对于甜面包等大部分面包来说，面团的出缸温度需要控制在24~26℃，对于法棍来说，面团的出缸温度要控制在22~24℃。想要达到要求的出缸温度，最好的选择是采用适当温度的水来搅打面团，因为水的比热容较大，通过调节水温来控制面团温度是最为方便快捷的做法。

（3）水在面包加工中的作用

①作为溶剂。可溶性的物料会溶解在水中，不溶解的物料会分散在水中，水能使各种物料充分混合，使其成为均匀一致的面团。

②调节面团的胀润度。面筋蛋白吸水溶胀形成面筋网络，若加水不足，面筋不能充分伸展，面团品质差。

③调节淀粉的糊化程度。烘烤过程中，淀粉遇热充分吸水糊化，若水分不足，易导致产品组织疏松。

④促进酵母的生长繁殖。酵母的最适水分活度为0.88，当水分活度<0.87时，酵母的生长繁殖受到抑制。

⑤促进生化反应的发生。面包加工过程中的一些生化反应都需要水的参与，比如酶的作用。

2. 盐

盐在面包配方中虽用量不大，却是不可缺少的原料，即便是配方最简单的面包，也必须用盐。

（1）盐的用量 这里所指的是食盐。在面包配方中，盐的用量一般为面粉质量的1.0%~2.0%，常添加精盐。对于大部分面包来说，加盐的目的是增强面筋，添加1.0%的食盐就可以达到这个目的，当食盐的添加比例超过1.4%，面包会有明显的咸味。有以下几种情况时，食盐的添加量会超过1.0%：①水中缺少矿物质，需要通过增加食盐用量来增强面筋；②制作咸味面包；③面包品类的特殊要求，比如法棍。

（2）后盐法的特点 在面团搅拌过程中，盐可以和面粉一起加入，也可以后加。这里所说的后加一般是在面团搅打至5～7分筋左右时将盐加入，加入后慢速搅打至吸收，然后再快速搅打至面筋完全扩展。后盐法的作用如下：①缩短搅拌时间，减少能耗；②适当降低面团温度；③有较好的水化作用。

（3）盐在面包加工中的作用

①增加风味。食品风味化学研究表明，氯化钠可以促进风味的释放，所以加盐并不仅仅为了盐本身的咸味，还可以通过盐的添加释放其他风味。

②增强面筋。我国传统美食兰州拉面就是很典型的例子，加盐之后的面团具有更强的筋力、更好的弹性，同时可以减少面团软、黏的性质。

③调节发酵速度。正因为盐的用量超过一定比例时可以抑制酵母的发酵，所以可以通过增加或减少配方中的盐来调节发酵速度。此外，因为盐容易产生较高的渗透压，在物料称量时，不能使酵母和盐直接接触。

3. 糖

在面包加工中常用的糖是蔗糖，其中最常见的形式是白砂糖。手工操作时一般直接添加固体的砂糖，工业化生产时，一般先将蔗糖制成蔗糖溶液再进行添加。除蔗糖外，还有很多其他的糖，比如转化糖、葡萄糖浆、果葡糖浆等，这些糖在西式糕点中应用更多，将在下一模块做详细说明。糖不仅能提供面包的甜味，还对面团的理化性质有影响，除了能够为酵母生长提供能量，还具有以下作用。

（1）增加面包色泽和香味　一般来说，2%的糖就可以为酵母提供足够的能量，但通常面包中糖的添加量会大于2%，超过的量越多，越有利于面包在烘烤后期的上色。美拉德反应除了产生褐色物质，还会产生很多风味成分，这也是美拉德反应会被用来制造香精香料的原因。

（2）软化面筋结构　糖是湿性物料，能够起到软化面筋的作用。通过对比无糖无油面团的10分筋和普通面团的10分筋可以更清楚地理解糖的这一特性。

案例1-5　搅打甜面团和无糖无油面团至10分筋，比较两种10分筋的差异。

从图1-8中可以看出，甜面团的10分筋状态是用手逐步撑开面团，面团呈半透明薄膜，断裂处光滑；无糖无油面团的10分筋状态是用手逐步撑开面团，面团较为粗糙。两种面团的10分筋状态差异明显，其原因就是糖和油脂具有软化面筋的作用。

（3）对面团水添加量的影响　面团中糖的含量增加，水的添加量则需相应减少。糖属于湿性材料，溶解在水中后变为糖溶液，能够使面团变得柔软，因此可适当减少水的比例。

（4）对搅拌时间的影响　糖在面团内溶解需要水分，而面筋溶胀和扩展也需要水分，两者之间存在竞争，糖的含量越高，面筋能吸收的水分越少，这就阻碍了面筋的形成和扩展，需要增加搅拌时间来使面筋得到充分的扩展。

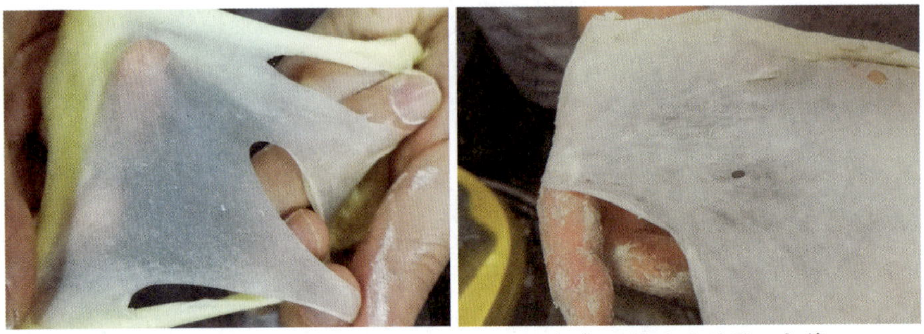

（1）甜面团10分筋　　（2）无糖无油面团10分筋

图1-8　甜面团和无糖无油面团的10分筋

（5）保持水分，延长面包保鲜期　糖本身具有吸湿性，可以在面包内锁住更多的水分，使面包柔软。

4. 油脂

可供人类食用的动物油和植物油被称为食用油脂，简称油脂。常温下呈液态的称为油，呈固态的称为脂。在面包加工中，常用的油脂有起酥油、黄油、棕榈油等。起酥油是由植物油或动物油，或二者的混合物，经精制加工或硬化、混合、速冷、捏合等处理后形成的具有可塑性、乳化性等加工性能的油脂。黄油可分为天然黄油和人造黄油。天然黄油是从牛乳中离心分离得到的油脂，其组成一般为80%的脂肪、15%的水和5%的牛乳固体。天然黄油含有多种维生素，叶黄素的存在是天然黄油呈黄色的主要原因。常用的天然黄油有含盐和无盐两种，含盐黄油保质期更长。如果使用含盐黄油，则配方中盐的分量需相应减少。人造黄油是以起酥油为原料，加入水、调味剂等混合而成的仿黄油制品，它的组成和天然黄油几乎一样，含80%～85%脂肪、10%～15%的水、5%的盐及牛乳固体。

将天然黄油和人造黄油进行比较，可以得出这样的结论：①天然黄油具有诱人的香味，入口即熔，而人造黄油的味道要依赖调香师的水平，入口后会在口中留有油脂的油腻感；②天然黄油熔点为31～36℃，遇冷又硬又脆，而在室温下又很软，加工性能不如人造黄油。举例来说，加工起酥面包时，天然片状黄油刚从冷藏室取出时，油脂的硬度很大，要在室温下将其升温至具有合适的软硬度才能开酥。另外，因为掌心的温度较高，如果长时间触摸开酥面团，会造成薄层黄油熔化，从而破坏成品结构。如果使用人造片状黄油，因其熔点较高，即使较长时间触摸面团也不会造成油脂熔化，且冷藏温度下油脂也不会很硬，更易于操作。

在烘焙中，液态油脂的使用相对较少，因为液态油易于扩散，导致产品质地过于松散，但有些产品因其工艺需要，必须使用液态油脂，比如甜甜圈。目前，主要使用棕榈油来油炸甜甜圈。棕榈油是从油椰子树的果实中得到的，其不饱和脂肪酸占50%～60%，而且以油酸含量最高，约占不饱和脂肪酸的45%。因油酸只含有一个不饱和双键，因此棕榈油的稳定性较好。

虽然不加油脂也可以做出面包，但从大部分面包产品的质量要求来看，油脂是不可缺少的原料，其在面包加工中具有多种作用。

（1）润滑作用 面团中加入油脂后，与面筋紧密结合，从而使面筋更加柔软，面团的持气能力增加。油脂对面筋的润滑作用可参考图1–8。正是因为这种润滑作用，使得面团更好操作。但油脂含量不能过高，过高使得面团发黏，不易操作，且会出现面包体积变小、组织粗糙等现象。

（2）保持水分，延长面包保鲜期 油脂中的脂肪与其他原料混合时，并不会改变形态，但在搅拌过程中，脂肪会形成一个个越来越小的脂肪颗粒，这些颗粒伴随搅拌的进行可均匀分散开来。脂肪和水互不相溶，但在搅拌的过程中，也会逐渐融合，这就是乳化现象，这样的溶液称为乳浊液。所以油脂也具有保持水分的作用，从而使面包保持柔软松嫩。此外，油脂会在面筋和淀粉之间形成界面，成为单一分子的薄膜，可以阻止成品中淀粉的水分向面筋迁移，从而防止淀粉老化，延长保鲜期。

（3）增加风味和营养 各种油脂可以给面包带来特有的香味。此外，油脂本身是很好的营养源，除了能够提供较高的热量，还可以帮助维生素A、维生素D、维生素K等脂溶性维生素进入体内，提供人体生长代谢必需的营养素。

5. 乳及乳制品

乳及乳制品含有丰富的蛋白质和脂肪，并且具有良好的加工性能，是面包加工中重要的原料之一。乳制品的来源很多，包括牛乳、羊乳、马乳等，但烘焙中使用的大多是牛乳及其制品。在面包加工中，最常使用的乳及乳制品是液态鲜牛乳和乳粉，稀奶油、干酪、酸乳等也有使用。

液态鲜牛乳一般有两种：高温灭菌乳和巴氏杀菌乳，前者能在常温下保质6个月以上，后者可在冷藏条件下保存10～15天，因此前者更为常用。乳粉是原料乳经过浓缩和喷雾干燥制成的脱水乳制品，可分为全脂乳粉和脱脂乳粉。全脂乳粉使用更多，因为牛乳中的香气来自乳脂肪，脱脂乳的香气不足。

面包配方中，并不是必须添加乳制品，但目前我国居民乳制品消费水平较低，为弥补饮食习惯中的营养不足，应扩大乳制品在焙烤食品中的应用。面粉蛋白质中赖氨酸很少，属于不完全蛋白质。赖氨酸是人体必需氨基酸，乳制品中含有丰富的酪蛋白（约占乳蛋白的80%），酪蛋白中含有丰富的赖氨酸，可以弥补面粉蛋白质在营养方面的不足。配方中可以添加液态鲜牛乳（表1–3），或添加水和乳粉（表1–4），也可以采用液态鲜牛乳和乳粉搭配的方式进行添加（表1–5）。

表1-3　鲜牛乳版吐司配方

序号	原料	质量/g	烘焙百分比/%
1	高筋粉	1000	100
2	盐	12	1.2
3	细砂糖	70	7
4	干酵母	12	1.2
5	蛋液	50	5
6	液态鲜牛乳	680	68
7	黄油	100	10

表1-4　水加乳粉版吐司配方

序号	原料	质量/g	烘焙百分比/%
1	高筋粉	1000	100
2	盐	12	1.2
3	细砂糖	160	16
4	干酵母	14	1.4
5	乳粉	40	4
6	水	550	55
7	蛋液	80	8
8	黄油	120	12

表1-5　鲜牛乳加乳粉版吐司配方

序号	原料	质量/g	烘焙百分比/%
1	高筋粉	1000	100
2	盐	12	1.2
3	细砂糖	120	12
4	干酵母	10	1
5	乳粉	30	3
6	蛋液	100	10
7	液态鲜牛乳	580	58
8	黄油	60	6
9	淡奶油	40	4
10	蜂蜜	20	2

上述3个配方都可以成功制作吐司，且加工出的产品各有特色。在表1-5中，除了牛乳和乳粉之外，还添加了淡奶油，更加突出了牛乳的香气。以乳粉为例，乳制品在面包加工的作用如下。

（1）增加风味和营养　添加乳粉可以使面包具有乳的特有风味。面包的主要原料是面粉，所以碳水化合物的含量很高，但蛋白质、矿物质和维生素含量较低，乳粉中富含蛋白质、钙和维生素，能使面包更有营养。

（2）影响吸水量及面筋强度　乳粉的吸水量为100%～125%，远高于面粉的吸水量，所以加入乳粉能够使面团的吸水量增加，同时增强面筋，从而使面包的体积增加。

（3）增强搅拌（发酵）耐力　乳粉加入面团中，不仅可以增大吸水量，也可以增强面筋的韧性，从而提升面团的搅拌耐力。面团发酵时间越长，其酸度就越大，而乳粉中含有丰富的蛋白质，乳蛋白可以缓冲酸度的增加，不会因为发酵时间的延长导致发酵过度。

（4）利于表皮上色　乳粉中富含蛋白质，同时含有乳糖。乳糖是还原糖，且不被酵母利用。在烘烤阶段乳粉会提供美拉德反应所需要的羰基和氨基，有利于表皮上色。

（5）延缓老化　乳粉具有较强的保湿性，在面包放置过程中，能减少水分蒸发，使面包能在较长时间内保持柔软，起到延缓老化的作用。

6. 蛋及蛋制品

焙烤食品中通常使用鸡蛋。鸡蛋的起泡性、热凝固性和乳化性是最为重要的性质，而前两种在西式糕点中更为重要，因此将在西式糕点模块进行详细说明。鸡蛋的蛋清、蛋黄和全蛋都具有乳化性，其中蛋黄的乳化性能最强，这主要是因为蛋黄中含有的卵磷脂是一种水包油型（O/W型）乳化剂，和蛋白质结合而成的卵磷脂蛋白具有很强的乳化作用。蛋清的乳化性大约为蛋黄的1/4。

面包制作中一般添加全蛋液，其蛋清部分不含油脂，含水量约86%；蛋黄部分含33%左右的油脂。在面包中添加全蛋液的主要作用有以下几种。

（1）提供乳化作用　一般来说，面包配方中既有水又有黄油等油脂，水油互不相溶，乳化剂能够使整个体系更加均匀一致。

（2）增加营养价值　全蛋液中含有约13%的蛋白质和约12%的脂肪，此外还富含维生素A、维生素D、维生素E和B族维生素等，能够增加面包的营养价值。

（3）增加产品色泽　鸡蛋中富含蛋白质，可以提供美拉德反应所需要的氨基，有利于表面色泽的形成。

（4）改善口感　鸡蛋中的蛋白质凝结后，能够使面包更加耐嚼且富有韧性。

（5）延缓老化　因为鸡蛋具有乳化作用，可以阻止水分的迁移，延缓面包老化。

课后拓展

1. 水的哪些性质显著影响了面包加工？如何正确选择面包用水？
2. 如何控制面团温度？
3. 盐为什么是面包配方中不可缺少的原料？
4. 不同种类的面团，其搅拌终点的判断标准是否相同？请举例说明。

四、面包的加工工艺

不同种类面包的加工流程虽大致相同，但具体操作时仍存在一些差异，这也是面包各有特色的原因。图1-9所示的工艺流程是直接法（一次发酵法），即将所有面包原料一次混合调制成面团进入发酵制作程序的方法。除直接法外，比较常用的还有中种发酵法（二次发酵法），三次发酵法使用很少。如果是二次发酵法，则需要在前端增加种子面团的发酵工艺流程，如图1-10所示。直接法（甜面包）和中种法（吐司）在实训任务部分都有相应的案例，可结合具体实训任务来学习本部分内容。

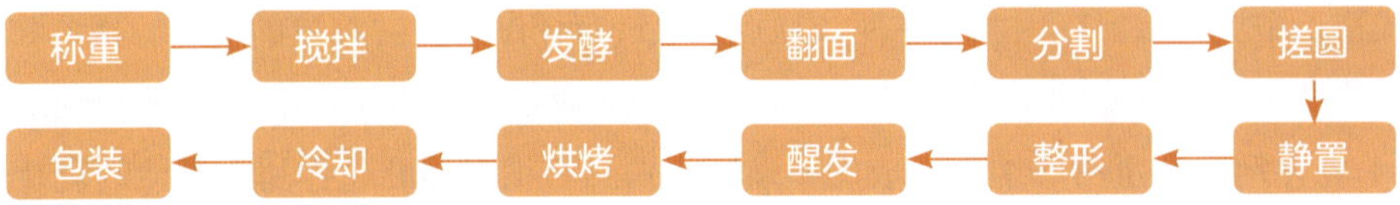

图1-9　直接法加工面包的工艺流程

图1-10　二次发酵法的面团发酵工艺流程

不同的发酵方法有各自的优缺点：一次发酵法只需一次搅拌，节省人工和机器操作，而二次发酵法需要较多人力和设备；二次发酵法的面包因为经过两次发酵，产生的风味物质更多，组织也会更加细腻柔软，发酵风味和口感均好于一次发酵法加工的面包。

1. 称重

称重是按照配方中的比例和产品加工总量，将每种物料精确地称量出来。需要注意的是：①称量干物料时容器最好是干燥状态；②干物料可以称在一个容器中，但酵母和盐、糖需分开距离放置；③物料称量后要很快使用，不要长时间等待，比如冰水，若称量后长时间放置，冰块融化后水温会逐步升高；④加工面包时，高筋粉无需过筛，直接称量即可。

2. 搅拌

搅拌的目的有两个：混匀所有的物料，形成均匀一致的面团；达到所需要的面筋筋度。

面筋的形成可分为6个阶段：原料混合阶段、面筋形成阶段、面筋伸展阶段、面筋完成阶段、搅拌过度阶段和面筋断裂阶段。在原料混合阶段，通过慢速搅拌，面粉均匀吸水，酵母和糖等物料均匀分散在面团中。在面筋形成阶段，面粉中的面筋蛋白逐渐吸水溶胀，初步形成面筋。在面筋伸展阶段，通过不断地搅打面团，面筋得到延展，弹性和黏性逐步增强，最终到达搅拌终点，也就是面筋完成阶段。之后，如果继续对面团进行搅打，则进入搅拌过度阶段，面筋过度延展，弹性逐渐降低，直至面筋断裂。

在物料搅拌成团之前，需要慢速搅拌，让面粉颗粒的中心部分充分吸水浸润，其他物料分散均匀。成团之后，可以快速搅拌，使面筋快速扩展，但也要结合具体情况。比如面团7分筋后加入黄油或使用后盐法，重新加入物料之后，都应慢速搅拌直至物料混合均匀，再进行快速搅拌。再比如，若面团的温度偏高，应尽量采用慢速搅拌，减少快速搅拌带来的摩擦热。

搅拌是面包加工的第一个关键步骤，它在很大程度上决定了后续工艺和成品的质量。面团搅拌常见的问题及影响如下。

（1）搅拌不足　面团搅拌不足，面筋就不能充分扩展，面团就没有良好的弹性和延展性，持气能力也就不足，导致面包的体积较小，内部组织结构比较粗糙。

（2）搅拌过度　面团搅拌过度，面筋断裂导致面团弹性不足，持气能力大幅下降，面团会变得非常粘手，后续操作十分困难，表面会再度出现含水的光泽，且成品面包外观扁平，内部出现较大的孔洞，组织粗糙。

3. 发酵

从严格意义上来说，在搅拌的过程中，发酵已经开始了，但从工艺的角度来说，搅拌完成后的静置才是发酵的开始。

室温一般指26～28℃，室温发酵是在室温下将面团放入带盖的发酵箱中进行发酵。一次发酵法的面团在室温发酵期间可以翻面也可以不翻面，翻面可以使发酵更加均匀，增强面团的筋力。对于筋力足够的面团，中途无需翻面，筋力不够的面团则需要翻面。一般来说，面团的体积增加一倍左右，可开始翻面，也有些工艺将翻面时间点设为室温发酵总时长的一半。

采用中种法时，中种面团配方可按如下方法进行计算：面粉为全配方的60%～80%、酵母为全配方的100%、水为全配方的55%～60%；或面粉为全配方的50%、酵母为全配方的50%、水为全配方的65%。通过计算，可以将直接法变为中种法。中种面团一般搅打至5分筋，然后在室温下发酵3～4h，也可以先在室温下发酵2h，再转至冷藏室发酵12～15h。发酵完成后继续和主面团中的其他物料一起搅拌，取出面团后开始二次发酵，也被称为延续发酵。

三次发酵法在我国面包加工中使用较少。一般来说，面团发酵次数越多，面包的风味相对就越好，但生产周期也越长，人力和机器成本也越高。在追求极致口感时，可使用三次发酵法甚至是更多次的发酵法。比如参加烘焙比赛，在允许携带酵种的前提下，可以提前采用三次或多次发酵制作酵种，以此获得风味独特的面包产品。

4. 分割整形

发酵完成的面团即可分割，按照目标产品的质量要求以及烘烤过程中的失水程度来分割面团。分割时不应拉扯面团，须用最少的次数切至目标质量。

这个阶段可通过撒粉或喷油防粘。以撒粉为例，在实现防粘目的的前提下，撒粉量越少越好，过多的面粉会导致面团表面较干，不利于整形等操作。面团搓圆之后面筋重新排列，此时面筋又回到了紧绷的状态，需要一定时间的松弛才可以再次进行操作。整形过程中要注意面筋的状态，每对面团操作一次，都要适当松弛以确保面团的顺利整形。

在分割整形过程中，需要注意防止面团表面干燥，搓圆后立即将面团转移至面箱中，带盖松弛。整形摆盘后，尽快将面团移入醒发箱中。

5. 醒发

醒发是烘烤前的最后一次发酵过程，它的目的是使面包获得饱满的体积和蓬松的组织，多在醒发箱中恒温恒湿条件下进行。面包种类不同，醒发条件也不尽相同。对于甜面包来说，醒发条件一般为温度35～38℃，相对湿度80%～85%。甜面团的醒发条件更适宜酵母生长，面团的体积快速增加，产生的气体能够包裹在面筋中，从而形成非常柔软的面团。对于可颂等起酥面包来说，如果使用的是天然片状黄油，因其熔点较低，一般在28～30℃进行醒发以防止黄油熔化，较低的醒发温度则需要更长的醒发时间。对于法棍来说，醒发一般在室温下密封完成。醒发温度过高会导致面团发黏，不利于后续割包及入炉等操作。

醒发时间取决于产品的需求。对甜面团来说，醒发时间应能使其体积增加至原来的2～3倍；对软欧包来说，体积需增加至原来的1.5～2.0倍；对法棍来说，体积需增加至原本的1.5倍左右。对于带模具醒发的面团，比如吐司，醒发时间取决于面团在模具中的高度是否达到要求。

案例1-6 加工香草吐司，在不同醒发高度时取出烘烤，对比吐司成品的状态。模具为250g吐司盒。

从图1-11中可以看出，不同醒发高度对吐司产品的外观有明显影响。图1-11（1）面团的吐司成品高度不够，成品外观不够饱满；图1–11（2）面团加工而成的吐司外形饱满，上方四个角为圆角，符合吐司产品外观品质的要求；图1–11（3）的吐司成品上方四个角为直角，说明醒发过度。

通过案例1–6可知，面团高度达到模具高度的80%左右可取出，最终产品的高度可以顶住上盖。

（1）醒发高度不足

（2）醒发高度合适

（3）醒发高度过高

（4）从左向右对应（1）~（3）三种面团的吐司成品

图1–11　醒发高度对带盖吐司成品的影响

6. 烘烤

醒发后的面团非常柔软，在烘烤前，根据不同产品外观质量要求，需要对面团进行刷蛋液、筛粉、割包等处理。无特殊要求时，可将全蛋搅打均匀后直接使用，甜面包醒发后刷1次全蛋液；布里欧修醒发后刷2次全蛋液，第一次刷完后稍晾干，再刷一次。对一些有特殊上色要求的产品，需要调制合适的蛋液。比如可颂，其所需的蛋液是采用1：1的蛋清和蛋黄先进行混合，再加入两者总量5%的糖和0.5%的盐调制而成的。

刷蛋液要适量，太少不利于上色，太多则会使蛋液流到烤盘上，影响外观。对于不带模具的面团，上表面和侧面都需要刷到，对于带模具的面团，则根据需要确定，比如带盖的吐司无需刷蛋液，不带盖的吐司需要在上表面刷蛋液。刷蛋液时，手腕轻轻扫动，而不是胳膊带动，力度要适中，力度过大会破坏面团表面组织，导致产品烘烤后表面出现气泡。布里欧修和可颂表面上色情况如图1–12所示。

（1）布里欧修

（2）可颂

图1-12　两种面包表面上色情况

欧式脆皮面包烘烤时需要结合蒸汽，如法棍入炉后需要立即喷蒸汽2～3s。

在加工时，应根据面包种类的不同选择烤炉和烘烤温度。大部分面包采用层炉烘烤，起酥面包因为需要表皮酥脆，多采用风炉烘烤。普通甜面包一般置于烤盘中烘烤，烘烤温度为180～200℃。法棍等无糖无油面包烘烤时需要直接接触石板，且需要喷蒸汽使表皮变得薄而脆，烘烤温度可设为上火240℃，下火210℃。上述面包的烘烤要求是从追求品质的角度设定的。如果没有层炉，风炉也可以用来烘烤面包，从层炉换为风炉，温度一般需要降低20℃左右；相反，从风炉换为层炉，温度需要增加20℃左右，具体时间要根据面包的上色情况来判断。

案例1-7　分别用带石板蒸汽的层炉和风炉烘烤伯爵奶酥软欧包，对比成品外观。除烘烤条件外，其余工艺都相同。层炉烘烤温度为上下火200℃，风炉烘烤温度为180℃。

从图1-13中可以看出，层炉烘烤的产品上色明亮自然，风炉产品颜色偏深，亮度也有所降低。正如前文所述，采用不同的烤炉烘烤，面包的品质也会有所不同。

烘烤过程可以分为以下三个阶段。

（1）体积膨胀阶段　此阶段酵母仍继续作用，直到面团温度达60℃。体积膨胀是面团内气体受高温迅速膨胀引起的。

（2）淀粉糊化和蛋白质凝固阶段　淀粉糊化的开始温度约为65℃。鸡蛋中的蛋清开始凝固的温度约为60℃，80℃以上蛋清彻底固化；蛋黄的凝固开始温度约为65℃，70℃会迅速凝固。面筋蛋白凝固温度约为74℃。此阶段主要是面包熟制和定形。

（3）外皮质地变硬、色泽加深阶段　产品定形后，面包外壳逐渐变硬，面包开始上色，

层炉产品　　风炉产品

图1-13　伯爵奶酥软欧包成品图

最终通过面包表面和腰部上色情况判断何时取出。烘烤终点时，面包中心温度约为94℃。

7. 面包的冷却与包装

面包刚出炉时，温度很高，表皮因为失去的水分较多，呈现结皮或酥脆状态，而面包的中心部分失去的水分较少，呈现柔软状态，且在高温下缺乏弹性。此时的面包缺乏机械承受力，不能对面包进行切分操作，否则容易凹陷、破碎。刚出炉的面包也不能立即包装，否则面包中的热量无法及时散出，会出现凹陷，此外内外温差会产生凝结水，容易导致面包发霉。所以，需要先将面包充分冷却，再进行切分或包装。

如果面包体积较大，则需要较长的冷却时间。一般圆面包冷却至室温需要2h以上。对于手工面包而言，可置于室温自然冷却，带模具烘烤的面包出炉后要立即脱模冷却。对于面包加工厂来说，自然冷却也是最常用的方法，为了缩短冷却时间，可以采用冷却室冷却、真空冷却等方法。

课后拓展

1. 请比较说明直接法和二次发酵法的特点。
2. 分割整形过程中，面筋为什么需要多次松弛？
3. 风炉和层炉可以替换使用吗？请说说原因。
4. 为什么面包上色发生在烘烤过程中的第三阶段而不是前两个阶段？

五、面包加工的理论依据

烘焙加工过程中，各类生化反应次第发生。当条件发生改变，比如原辅料品牌的更换等，就可能会遇到意想不到的情况。出现问题后，首先需要从理论角度分析问题产生的原因，接着制订试验方案来进行排除和确定，最后再进行验证，从而解决问题。这个过程其实就是围绕加工过程中的实际问题开展的应用研究，类似的研究做得越多，对产品的了解和掌握就越深入。

本部分选择烘焙加工中三个重要的内容来进行讲解，分别是：烘焙百分比、面包配方和面包老化。通过知识介绍结合相关案例，希望学习者能够举一反三，融会贯通。

1. 烘焙百分比

烘焙百分比是一种看似简单，却非常实用的表达配方的方式。以配方中面粉的质量为

100%，其余每种物料的质量除以面粉的质量，再乘以100%，就得到每种配料的百分比，具体公式如下：

$$配料的烘焙百分比=\frac{配料的质量}{面粉的质量}\times 100\%$$

如果配方中使用两种面粉，则它们的总和是100%。任何与面粉质量相同的配料，其百分比也为100%。使用烘焙百分比的好处有以下两点：

（1）方便制作分量不同的产品；

（2）单一配料质量发生变化不会影响整个配方。比如想要增加配方中果干的含量，其他配料的百分比保持不变。

烘焙百分比适合用于以面粉为主要原料的配方，面包就是这样的配方，所以在本模块的实训任务中，每个配方都标注了烘焙百分比。对于不以面粉为主要原料的配方，可以选择其他主要原料，将其设定为100%。在那些没有主要原料的配方中，则可以不用列出烘焙百分比。

所有的材料都应按质量称量。因为水的密度是1g/cm^3，所以可使用烘焙量杯按体积量取。除水之外，还有一些液态材料，比如牛乳、蛋液等，则不能按体积量取。在称量的时候，不能有“差不多”的想法，必须按照配方中的要求进行准确称量，这是保证产品品质最为基础的一步。一般来说，配方中的质量单位是“g”，如果使用一些国外的配方，单位是磅或其他，需要先换算，再进行称量。

2. 面包配方

虽然各类面包配方之间存在差异，但一些基本物料的添加比例是相似的。本部分内容通过同种产品的不同配方来分析配方的真假，同时通过面包配方中的物料替换来解析配方。

案例1-8 比较表1-6中三个布里欧修配方，其中配方1是编者团队指导学生参加世界技能大赛烘焙项目选拔赛时采用的配方，配方2和配方3来自网络。通过三个配方对比，判断配方2和配方3是否合理。

表1-6 三个布里欧修配方比较

序号	原料	配方1原料质量/g	配方2原料质量/g	配方3原料质量/g
1	高筋粉	800	1000	500
2	低筋粉	200	0	500
3	高糖酵母	12	15	40
4	细砂糖	150	50	200
5	牛乳	300	150	200
6	鸡蛋	300	500	300

续表

序号	原料	配方1原料质量/g	配方2原料质量/g	配方3原料质量/g
7	黄油	300	350	200
8	盐	12	12.5	30

（1）比较面粉的组成　配方2中只采用了高筋粉，这并无明显不妥，还要结合具体选择什么样的面粉；配方3中高筋粉和低筋粉的比例为1∶1，属于中筋粉，面粉筋力明显不足，不适合用于制作面包。

（2）比较酵母的使用量　如前文所述，干酵母使用量一般为1.0%～1.4%，配方2的干酵母比例可以接受，但配方3明显不合理。

（3）比较糖的用量　布里欧修是甜面包，一般糖含量超过6%以上才会有明显的甜味，因此配方2的糖量不足。

（4）比较黄油的用量　黄油的比例至少要达30%才能称之为布里欧修，因此配方3是不合要求的。

（5）比较盐的用量　如前文所述，盐含量一般在1.0%～1.4%，1.0%的盐已足够实现增强面筋的作用，而超过1.4%会使面包具有明显的咸味，超过2.0%会显著抑制酵母的生长，因此，配方3是极不合理的。

（6）比较含水量　牛乳和鸡蛋都可以按照自身含水情况来折算含水量，牛乳按含水88%计算，全蛋液按含水80%计算，从而计算出面团的含水量。一般来说，甜面团含水量在55%～65%，但布里欧修是高油脂面团，含水量稍低，为50%～55%。这是因为油脂本身能起到润滑面团作用，使面团容易操作，若含水量过高，会使面团黏度过大，不易操作。由上述分析可知，配方2的含水量在合理范围内，配方3的含水量过低。

如果遇到一个新配方，可以根据上述思路对配方进行分析和预判。

案例1-9　采用相同的面粉、盐等原料，用五个不同配方制作法棍。用来制作酵种的面粉为主面团中的T65粉，所有配方由同一位烘焙师在同一时间段内完成。五个配方见表1-7所示。

表1-7　五个不同的法棍配方

A		B	
名称	烘焙百分比/%	名称	烘焙百分比/%
T65粉	100	T65粉	100
酵母	0.3	酵母	0.5
水	70	水	75
盐	1.8	盐	1.8

续表

C		D		E	
名称	烘焙百分比/%	名称	烘焙百分比/%	名称	烘焙百分比/%
T65粉	70	T65粉	70	T65粉	85
液种	40	液种	40	液种	20
酸种	20	酸种	20	酸种	10
水	40	水	45	水	57
盐	1.8	盐	1.8	盐	1.8

图1-14　五种法棍的内部组织状态

使用上述五个配方加工法棍的过程中，C、D和E发酵速度均比B快，说明液种和酸种中的酵母在经过一次发酵之后产生了足够的增量，有资料显示，一次发酵后的酵母量大约是原始量的3倍以上。而B的发酵速度比A快，B用了40min，A用了2h。这说明，酵母量从0.3%增加到0.5%，其发酵时间能够大大缩短。

根据图1-14可比较成品品质的优劣，A的气孔最为均匀，B其次。这是因为A的酵母量偏低，发酵时间较长，有利于形成均匀的气孔。此外，A和B的底部较平，而C、D和E的底部呈弧形。这是因为C、D和E发酵速度较快，意味着面筋的弹性较大，面包体积会更加饱满。

面包的配方常常会根据原料的变化而有所调整，比如案例1-9中的法棍和实训任务中的法棍采用了不同的配方，这是由于实训任务中使用的面粉不是T65粉，面粉不同，蛋白质含量、质量以及吸水量也不同。与常用的高筋粉相比，T65粉的面筋筋力稍弱。法棍面团不需要太强的面筋，所以一般采用高筋粉与低筋粉搭配使用。这些调整看起来并不明显，但能够根据实际情况做出正确调整需要扎实的理论知识和丰富的实践经验。

在表1-7中，烘焙百分比的应用得到了充分的体现，在配方A和B中，可以明显地看出面粉总量为100%，对于配方C、D和E，面粉总量就需要进行计算了。以配方C为例，制作液种和酸种时使用的面粉和水的比例接近1∶1，所以两种酵种中面粉所占的比例分别为20%和10%，再加上主面团中面粉的70%，即面粉总量为100%。

3. 面包老化

当品尝不太新鲜的面包时，会有这样的感受：口感变干、变硬；光泽度下降；香味减弱。这是面包老化导致的，用专业术语来描述，即面包弹性降低，面包瓤心透明度降低，面包瓤心可溶性淀粉减少，淀粉的结晶性增大，面包黏度下降。老化后的面包品质大大降低，因此，需要在面包的保质期内尽可能延缓老化，使面包能够较长时间维持出炉后的口感和风味。

（1）面包老化的原因　想有效延缓老化，就需要先了解老化是如何发生的。面包老化的原因主要有以下几点。

①淀粉老化。淀粉老化发生在糊化之后，如图1–15所示。糊化是指淀粉吸水受热，结晶胶束区的弱氢键被破坏，颗粒开始吸水膨胀，结晶区消失，黏度增加，淀粉颗粒破裂，双折射消失。当加热停止，在有限的区域内，淀粉分子重新排列，线性分子缔合，生成类似生淀粉结晶区的结构，溶解度减小，这个过程就是淀粉的老化。淀粉老化后面包的口感就会变干、变硬。

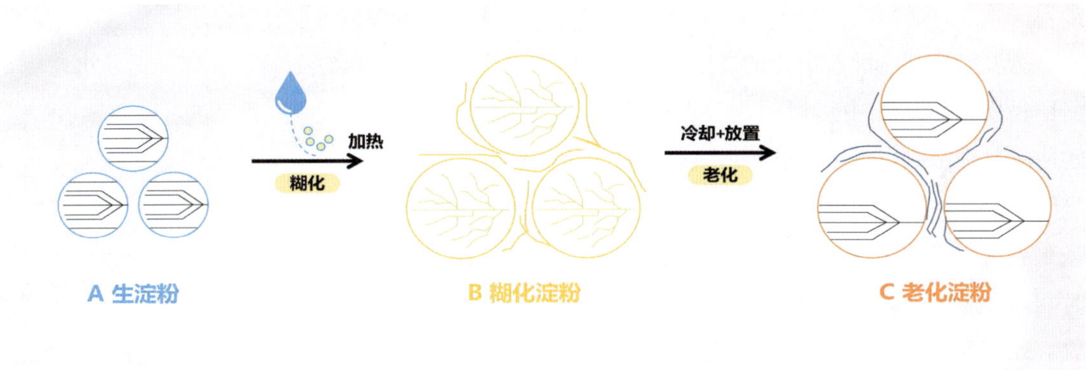

图1–15　淀粉的糊化和老化过程

②水分迁移。面包的口感主要取决于淀粉的含水量。在面包储存的过程中，水分迁移又包括两类。

a. 内部水分向表皮迁移。面包出炉后，内外水分分布是不均匀的，内部水分为42%左右，而表皮水分为20%左右。如表1–8所示，在储存过程中，表皮水分逐渐增加，内部水分逐渐减少，从而使面包口感变干。

b. 水分从淀粉链重回面筋层。面筋支撑面包骨架，而骨架间的填充物是淀粉面团在烘焙过程中，淀粉从面筋层中夺取水分从而膨润糊化，在面包的储存过程中，水分从淀粉链间重新回到面筋层，使得填充物的含水量降低，导致面包口感变干。

表1-8　面包出炉后内外水分随存放时间的变化

存放时间/h	表皮		内部	
	水分/%	增加/%	水分/%	减少/%
1.5	20.0	0.0	42.9	0.0
24	25.8	29.0	40.5	5.6
48	27.5	37.5	39.5	7.9
72	30.0	50.0	39.5	7.9
96	30.7	53.5	39.4	8.2

③香味物质挥发。随着存放时间的延长，面包的香味逐渐消散，失去原有的风味。

（2）延缓面包老化的措施　针对上述老化产生的原因，可采取对应的措施延缓老化，如添加某些物质，抑制水分从淀粉链迁移到面筋层或阻止部分淀粉分子重新排列。

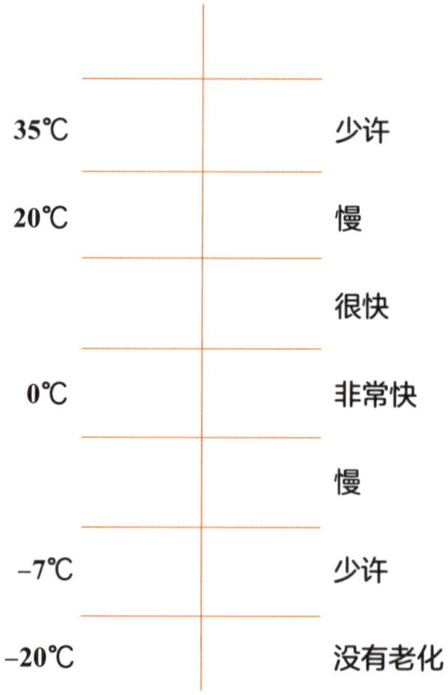

图1-16　淀粉老化速度和温度的关系

①温度控制。淀粉老化的速度和温度密切相关，如图1-16所示。从图中可以看出，在冷藏温度下，老化的速度最快，所以面包一般不放置于冷藏温度下储存。当储存温度高于20℃时，老化进行得较为缓慢。当温度降至-7℃以下，老化急剧减慢，温度在-18℃时，可长时间防止老化。因此，对于面包产品而言，如果短期存放，最适合的方法是置于室温下，比如门店销售的面包多是置于货架上。如果需要较长时间存放，应密封后冷冻，食用前从冷冻室取出，进行复热，品质可基本恢复到刚出炉的状态。

②添加食品添加剂。酶制剂和乳化剂常被用于延缓面包的老化。酶制剂中，α-淀粉酶、半纤维素酶、木聚糖酶、葡萄糖淀粉酶、脂肪酶等都具有延缓老化的作用，不同种类的淀粉酶对淀粉链的剪切作用如图1-17所示。α-淀粉酶随机剪切糖苷键，β-淀粉酶以两个葡萄糖分子为单元对糖苷键进行剪切，葡萄糖淀粉酶以一个葡萄糖分子为单元进行剪切，支链淀粉酶剪切分支部分的糖苷键。以α-淀粉酶为例，其作用示意如图1-18所示，无论是对于直链淀粉还是支链淀粉，α-淀粉酶都能发挥随机剪切的作用，将长的淀粉链变短，减少淀粉的脱水收缩，从而延缓面包的老化。

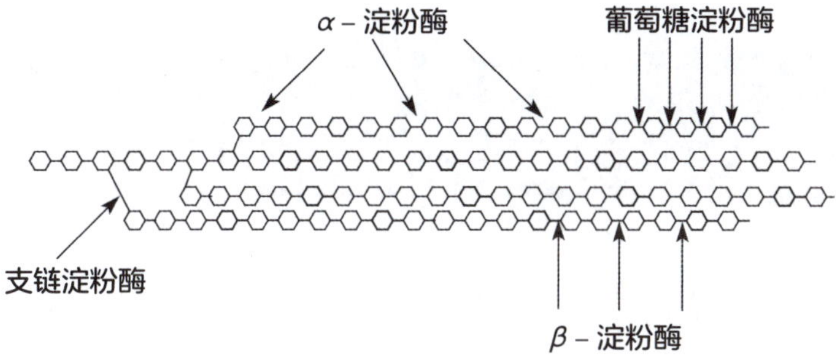

图1–17　不同种类淀粉酶的剪切作用

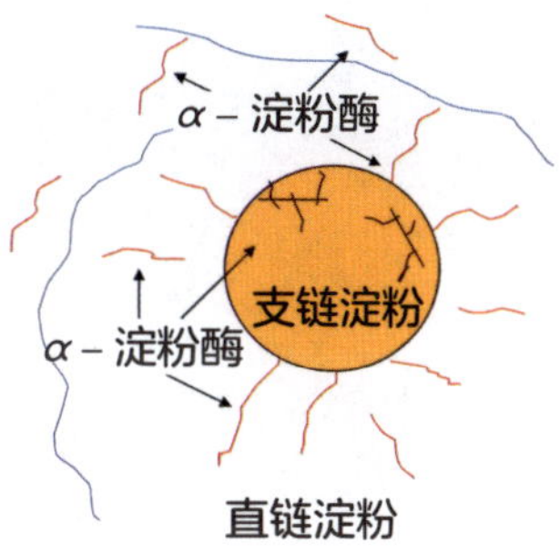

图1–18　α–淀粉酶作用示意图

目前常用的面包改良剂中包含两种或两种以上的淀粉酶以及无机盐、维生素C、玉米淀粉等。其中淀粉酶具有缓老化的作用，无机盐可增强面筋，维生素C具有抗氧化作用，玉米淀粉有防潮作用，同时作为填充基质。

常被用于延缓面包老化的乳化剂有单甘酯、硬脂酰乳酸钠等。以单甘酯为例，目前公认的作用机理是单甘酯亲油基能够进入直链淀粉的螺旋结构形成不溶性复合物，可防止直链淀粉颗粒之间的再结晶，从而延缓面包老化。

③原材料自身的作用。在面包配方中，蛋、乳、糖和油脂本身就具有延缓老化的作用，甜面包老化速度比不添加这些原材料的无糖无油面包更慢。除了常用的蔗糖、葡萄糖浆等，海藻糖也常在焙烤中使用。海藻糖是两个葡萄糖分子以α–1，1糖苷键连接而成的，甜度很低，仅为蔗糖的0.16，同时具有很强的保湿性能。甜度低则不会明显增加面包甜度，锁水能力强则能够阻止或降低水分迁移，延缓面包老化，一般添加量为2%就能起到延缓老化的作用。海藻糖的品牌很多，编者团队对四个品牌海藻糖（包括进口和国产）的纯度进行了研究，结果表明，四种海藻糖纯度之间的差异并不显著，均在96.5%～99.1%。

④改良加工工艺。改良工艺的途径主要包括提升面团的含水量、采用二次或多次发酵、控制烘焙温度等。提升面团的总含水量可以让面包更加柔软，而且总含水提升后，即使水分发生部分迁移，对口感的不良影响也会减少。

如前文所述，添加经过发酵的酵种或烫种具有延缓老化的作用。对烫种来说，其中的淀粉经过吸水受热，成为预糊化淀粉，锁水能力大大增强，可有效减少面包中水分的迁移，使面包能够较长时间保持质构柔软。

课后拓展

1. 通过观察某公司的面包配方（见下表），分析其中采用的延缓老化的方法。

序号	原料	质量/g	烘焙百分比/%
1	高筋粉	900	90
2	低筋粉	100	10
3	面包改良剂	10	1
4	细砂糖	120	12
5	盐	10	1
6	可可粉	45	4.5
7	巧克力豆	90	9
8	干酵母	10	1
9	冰水	600	60
10	快速鲁邦种	200	20
11	老面	200	20
12	烫种	200	20
13	黄油	80	8

2. 目前添加果蔬汁的面包越来越受欢迎，请你在一个已知的配方基础上进行调整，来设计南瓜软欧包和火龙果软欧包的配方。

3. 第1题表格中，烘焙百分比是根据主面团中的用粉量来计算的，如果把酵种中的面粉都算进去，请重新计算烘焙百分比（各酵种配方见本模块第二部分——有生命的酵母）。

实训任务一 加工花色甜面包

任务目标

知识目标

1. 掌握甜面包中一次发酵和二次发酵的作用。
2. 掌握搓圆的目的和松弛的作用。
3. 熟悉酵母的持续作用对面团外观和质地的影响。

甜面包成品图

能力目标

1. 能安全使用及清洁搅面设备。
2. 能对甜面团进行3种以上的整形。
3. 能评价面包成品的感官品质。
4. 能分析成品出现的问题。

素质目标

1. 通过对小组不足量面团的利用，养成不浪费物料的好习惯。
2. 通过自制各种馅料及拓展更多造型，感受产品的创意创新。

任务描述

甜面包具有香、软、甜的特性，在我国乃至亚洲地区深受欢迎。通过采用不同的整形方法、不同的馅料等，同样的甜面团配方可以做出多种多样的产品。工业化生产甜面包一般采用中种法，一次发酵（松弛）只需十几分钟，随即开始分割和搓圆，如此能够达到整形后的面团中不含有太多气体的要求，这样生产出来的甜面包组织细腻、均匀，外形挺拔。

典型工作环节一

任务准备

一、微课预习

请扫码观看甜面包微课，观看后请扫码完成相关预习题。

甜面包微课　甜面包预习题

二、原辅料准备

面团配方

序号	原料	质量/g	烘焙百分比/%	序号	原料	质量/g	烘焙百分比/%
1	高筋粉	1000	100	6	冰水	420	42
2	盐	12	1.2	7	牛乳（冷藏）	150	15
3	细砂糖	183	18.3	8	蛋液（冷藏）	90	9
4	高糖干酵母	14	1.4	9	黄油	100	10
5	乳粉	30	3				

椰蓉馅料配方

序号	原料	质量/g	序号	原料	质量/g
1	椰蓉	130	4	全蛋液	48
2	乳粉	13	5	细砂糖	46
3	黄油	78	6	牛乳	10

青葱馅料配方

序号	原料	质量/g	序号	原料	质量/g
1	香葱	100	4	盐	1
2	橄榄油	30	5	黑胡椒	1
3	蛋清	20			

豆沙馅料配方

序号	原料	质量/g	序号	原料	质量/g
1	红豆馅	100	2	红豆沙	100

三、工器具准备

序号	工器具	设备	其他
1	方形刮板	制冰机	厨房纸巾
2	台秤	插盘式冰箱	食品级手套
3	温度计	搅面机	抹布
4	刀/面包刀	醒发箱	
5	擀面杖	层炉	
6	勺子		
7	面团发酵箱		
8	不锈钢盆		
9	烤盘		
10	羊毛刷		

典型工作环节二

任务实施

<table>
<tr><th>实施环节</th><th>实施步骤</th><th>实施图片</th><th>知识点/技能点</th></tr>
<tr><td rowspan="2">（一）
物料称量</td><td>1. 将所有的干性材料称在一起。
注意：高糖干酵母和盐、细砂糖不要直接接触，要分开距离放置。</td><td></td><td rowspan="2">**知识点：**
1. 面粉中含有面筋蛋白，蛋白质通过充分吸水、溶胀，才能形成面筋，面粉加水（或牛乳）后不断搅拌就是为了使面粉充分吸水，搅打成团意味着面筋初步形成。通过搅打面团，面筋程度逐渐加深。
2. 酵母是有生命的，能否让酵母更好地发酵，很大程度上决定了面包的成败。比如不能把酵母提前放到冰水中分散，否则低温将使酵母活性大大降低。
技能点：
如果配方中使用细砂糖，直接使用即可；如果使用粗砂糖，要先置于水中溶解。</td></tr>
<tr><td>2. 所有湿性材料各自称量，冰水一般采用水和冰块1∶1称量，牛乳和蛋液提前冷藏，以控制面团的出缸温度。</td><td>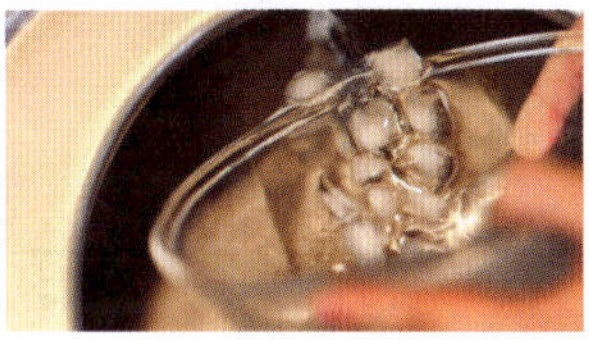</td></tr>
</table>

实施环节	实施步骤	实施图片	知识点/技能点
（二） 搅打面团	1. 将除黄油以外的干湿性材料逐个放入搅面缸中，慢速搅打，成团以后，换快速搅打至7分筋。	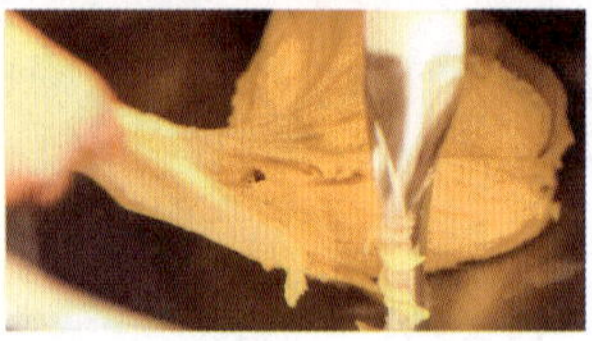	**技能点：** 1. 搅面机的使用要在老师的指导下进行，使用过程中安全第一，如需要取出面团进行判断，必须先关停机器再打开盖子。要学会慢速、快速切换，手动和自动设定条件，点动、反转及清洗搅面机。 2. 面筋程度判断。面筋从形成到结束，可分为10个等级。7分筋：面团表面光滑，面缸中也非常光滑，用手拉扯面团，有一定的筋力，不易扯断，能拉出厚而均匀的面筋膜。8分筋：撑开面团有半透明的薄膜出现，断裂的地方为锯齿状。10分筋：撑开面团有半透明的薄膜出现，断裂的地方是光滑的。面团种类不同，判断标准有所不同。
	2. 调慢速，分1～2次加入黄油，慢速搅打至充分吸收后，改高速搅打至10分筋，出缸。		
	3. 手蘸面粉或色拉油，将出缸后的面团折成圆形，放置于面团发酵箱中，此时面团温度应在24～26℃。	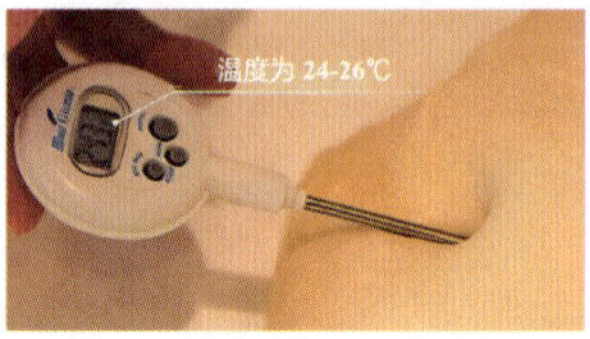	
（三） 室温一次发酵	在室温26℃发酵30min左右。	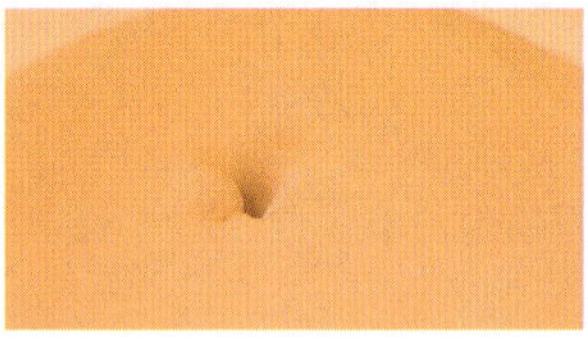	**知识点：** 面团一次发酵的主要目的是为了增加面团发酵的面香味。但对甜面包来说，香味和甜味占主导作用，因此不需要长时间的一次发酵，其主要的作用是使面团松弛。可以根据室温高低延长或缩短一次发酵时间。 **技能点：** 如果面筋搅打过头，可以通过翻面来增加面筋的弹性。
（四） 分割搓圆	1. 将面团分为12个50g、4个60g、4个75g，置于操作台，操作台表面不能有面粉，掌心可以蘸少许面粉或色拉油防止手粘连面团，搓圆。	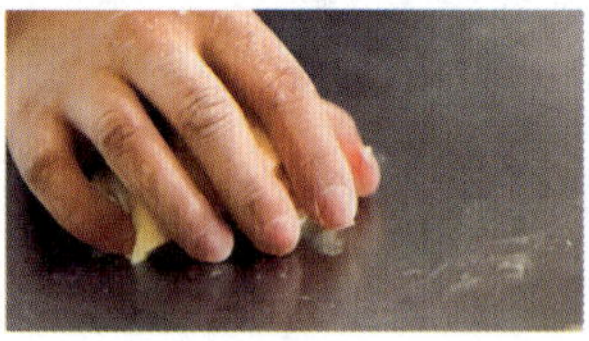	**知识点：** 搓圆的目的是使面团中的面筋重新排列，从而有利于后期的整形和最终面包的质构。 **技能点：** 搓圆时，手背拱起，将面团向同一个方向旋转，保持粗糙的面一直在下。搓圆完成的判断：面团表面非常光滑，底部稍粗糙，但并无裂缝。
	2. 放在面箱中盖上盖子，静置松弛20min。	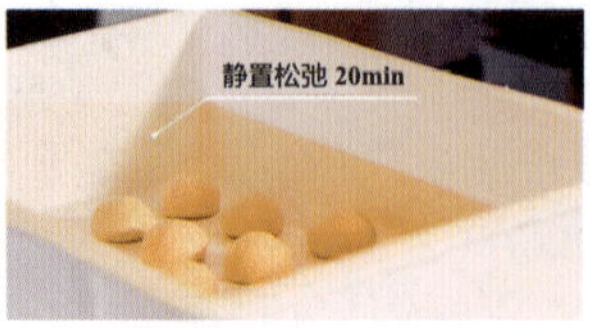	**技能点：** 面团中面筋比较紧绷的时候，松弛时间需要久一点，面筋比较弱的时候，松弛时间要短一些，目的是让面团容易成型。

实施环节	实施步骤	实施图片	知识点/技能点
	圆形： 1. 取60g面团排气、压扁，翻面，包15～20g椰蓉馅料。 2. 将端口收紧，光滑一面朝上。		**知识点：** 酵母在发酵的过程中会产生二氧化碳，所以面团的体积会增大，除整体体积膨胀，还会有局部小气泡产生，这就要求每一步整形前必须先将面团中的气体排出。
	三股辫： 1. 将50g面团排气、压扁，擀成牛舌状。 2. 将面团翻面，横向放置，下端粘在操作台上，从上往下卷起面团，向两端搓长至20cm，使中间稍粗，两端稍尖。 3. 松弛5min后，取3根面团，将一端捏紧，编成三股辫造型，置于烤盘上。	  	**技能点：** 排气、擀面、翻面、粘、卷、搓等手法详见微课，多练习才能真正掌握要领。
（五） 整形	**麻花卷：** 1. 取75g面团，排气、压扁、翻面，包20g椰蓉馅，将端口捏紧。 2. 再次压扁，擀成牛舌状，翻面，用刀均匀划开面团。 3. 手捏起两端，像拧麻花一样拧2～3圈，随后两端捏紧。	  	
	花瓣形： 1. 取75g面团，排气、压扁、翻面，包20g豆沙馅，捏紧端口，压扁，用刀从边缘对称切开，共切8刀。 2. 随后将切开的部分翻转90°放置。	 	**技能点：** 摆盘要注意留有足够的空隙，要保证二次发酵及烘烤后面包之间不会粘连，长条形面团一般倾斜摆盘。

实施环节	实施步骤	实施图片	知识点/技能点
（六） 醒发箱 二次发酵	将面团置于醒发箱中，温度30～38℃，相对湿度80%下醒发1h左右。		**知识点：** 1. 在二次发酵阶段，30～38℃的温度能够使面团快速发酵，体积迅速增大，体积增大除了与发酵产气有关，还与面筋的持气能力有关，就是面筋能否包覆住发酵产生的气体，这与面粉品质、面团搅打等都有密切的关系。 2. 80%相对湿度保证了面团表面不会干燥，如果湿度过小，表面容易干燥，从而形成较硬的外壳，导致面包的表面增厚，影响口感。如果湿度过大，面包表面容易出现小气泡。
（七） 装饰	1. 醒发后对圆形、麻花卷和花瓣形面团刷全蛋液。		
	2. 三股辫造型的面团，先刷蛋液，然后撒杏仁片和珍珠糖进行装饰。		**技能点：** 刷蛋液是手腕在动，轻轻扫过面团表面，二次发酵后的面团非常柔软，不能用力过大。
	3. 也可调青葱馅料进行装饰，按照配方，将所有原料搅拌均匀即可。		
（八） 烘烤	层炉烘烤，上下火180℃，表面上色至深金黄色或浅褐色，时间约12min。		**技能点：** 不同的烤炉，显示温度与实际温度可能存在差异，要学会用时间调整温度。如果时间正确，上色偏深，则需调低温度；上色偏浅，则需调高温度。
（九） 冷却	取出后振盘1次，去除高热，置于烤盘架上冷却。		

实施环节	实施步骤	实施图片	知识点/技能点
（十）包装	面包的中心温度冷却到35℃左右，方可包装。		**技能点：** 若过早包装，面包中的热气并未完全去除，导致面包皱缩，且会在包装内产生冷凝水，容易滋生微生物；若过晚包装，面包中水分流失较多，组织变干，影响口感。

典型工作环节三

问题反思及产品评价

一、常见问题及原因

1．面包体积较小

面包体积较小的主要原因：（1）面团发酵不足。比如忘记放酵母、酵母活性不够（超过保质期、与冰水接触等）、配方中酵母的比例不正确、发酵时间不够；（2）面筋的影响。面团搅打不到位，面筋筋力不足，面团过于紧绷，膨胀性不够。或者面团搅打过度，面筋出现断裂，也会导致面包体积较小。

2．面包上色浅

面包上色浅的主要原因：（1）烘烤时间不足或烘烤温度不够；（2）面团发酵不足，可参考第1个问题；（3）面团配方中没有盐或者糖的添加量不够；（4）同等条件下，烤炉里面包数量多。

3．面包塌陷

面包塌陷的主要原因：（1）烘烤时间不足，没烤透，容易导致塌陷；（2）发酵过度，面筋持气能力下降，导致塌陷。

4．面包酸度大

面包酸度大主要是面包发酵过度造成的，应考虑减少一次发酵或二次发酵时间。

二、感官评价

序号	指标	情况描述	分值范围	得分
1	外观（40分）	颜色呈金黄色或浅褐色，光泽度好、均匀，体积饱满无皱缩、无断裂	35～40	
		颜色呈深褐色或浅黄色，光泽度一般，体积稍有皱缩，仍能基本满足产品要求	25～35	
		面包有颜色斑点，光泽不均，体积有明显皱缩及面筋断裂	10～25	
2	质构（30分）	面包组织状态均匀、柔软，截面气孔均匀，具有一定的弹性	25～30	
		面包组织状态比较均匀，柔软程度不足，截面气孔不均匀，稍有弹性	15～25	
		面包组织状态不均匀，硬度较大，截面气孔存在不明显，几乎没有弹性	5～15	
3	口感（30分）	面包具有明显的香、甜、软的口感。若有馅料，馅料口感与面包部分搭配协调	25～30	
		面包有一定程度的香和甜，口感稍显粗糙。馅料口感与面包部分勉强能搭配	15～25	
		面包有一定程度的香和甜，口感硬且粗糙。馅料口感与面包部分搭配不协调	5～15	

典型工作环节四

课后巩固与拓展

一、巩固练习

1. 称量物料时，为什么盐、糖不能和酵母直接接触？
2. 为什么面团成团前只能慢速搅打？
3. 黄油为什么要在面团7分筋后再加入？
4. 面团一次发酵和二次发酵的条件有何区别？为什么？
5. 面团松弛的目的是什么？

二、拓展资源

请扫码观看豆沙面包和布里欧修辫子包微课。

豆沙面包微课

布里欧修辫子包微课

纵然面包的种类很多，但目前甜面包仍然是我国消费的主流产品，无论是面包店，还是商超，烘焙区销售的大部分面包产品都是甜面包。甜面包口感松软、香甜，造型多样，内馅丰富，比较经典的产品有菠萝包、毛毛虫面包、豆沙面包、椰蓉面包等，多年来广受消费者喜爱。在粤港澳大湾区，有很多茶餐厅，其中有一款菠萝油，是将菠萝包切开，夹上一片黄油，听起来平平无奇，但香味醇厚，堪称经典。

甜面包中还有一类比较特别的产品是甜甜圈，之所以说它比较特别，是因其需要油炸熟制而不是烘烤，一般采用棕榈油进行油炸。也正是因其需要油炸，所以甜甜圈基本是工厂生产，再进行配送。甜甜圈生产早已实现全程自动化，在压出圆圈形之后，中间压出的面团要进行回收，用于搅打下一缸面团。除了常见的圆圈形甜甜圈之外，还有心形等其他形状的甜甜圈，这也是一种创新。

实训任务二 加工碱水面包

任务目标

知识目标

1. 掌握碱水面包的上色原理。
2. 理解配方与产品质构之间的关系。

能力目标

1. 能配制碱水并安全使用。
2. 能正确判断碱水面团的搅打终点。
3. 能对碱水面团进行5种以上的整形。
4. 能评价碱水包成品的感官品质并分析出现的问题。

素质目标

1. 通过将碱水面团整成中国结等形状，感受中国传统文化。
2. 通过对割包手法的练习，养成精益求精的工匠精神。

碱水面包成品图

任务描述

碱水面包源于德国，巴伐利亚碱水面包是最经典的面包之一。碱水面包在割包之前经历过氢氧化钠（NaOH）溶液的浸泡，碱液浓度一般控制在3.5%～5%。碱液的处理造就了碱水面包具有深棕油亮的色泽和特殊的风味、口感。需要特别强调的是，氢氧化钠对皮肤有刺激及损伤作用，操作时需要戴手套进行防护，也要小心碱液外溅至手部以外的皮肤上。近年来，在烘焙比赛中，常把碱水面包归为无糖无油面包，这是基于比赛需求，在常规加工制作中，并没有这样的限制。

典型工作环节一

任务准备

一、微课预习

请扫码观看碱水面包微课，观看后请扫码完成相关预习题。

碱水面包微课　碱水面包预习题

二、原辅料准备

面团配方

序号	原料	质量/g	烘焙百分比/%	序号	原料	质量/g	烘焙百分比/%
1	高筋粉	800	80	4	黄油	30	3
2	低筋粉	200	20	5	盐	15	1.5
3	干酵母	6	0.6	6	水	500	50

辅料表

序号	辅料	用量	序号	辅料	用量
1	烘焙碱	40g	5	亚麻籽	适量（装饰用）
2	温水（40℃）	1000g	6	烘焙盐	适量（装饰用）
3	白芝麻	适量（装饰用）	7	马苏里拉芝士碎	适量（装饰用）
4	瓜子仁	适量（装饰用）			

三、工器具准备

序号	工器具	设备	其他
1	台秤	制冰机	发酵布
2	方形刮板	插盘式冰箱	厨房纸巾
3	温度计	搅面机	食品级手套
4	刀/割包刀	醒发箱	抹布
5	擀面杖	层炉	油布（锡箔纸）

续表

序号	工器具	设备	其他
6	勺子		
7	不锈钢盆		
8	烤盘		
9	喷水壶		
10	晾网		

典型工作环节二

任务实施

实施环节	实施步骤	实施图片	知识点/技能点
（一） 物料称量	1. 物料分开称量。		**知识点：** 1. 盐能产生渗透压，如果与酵母接触，容易导致酵母失活。 2. 如果室温偏高，则需增加冰块的比例；如果室温偏低，则可适当降低冰块的比例。
	2. 冰水一般采用水和冰块4∶6称量，以控制面团的出缸温度。	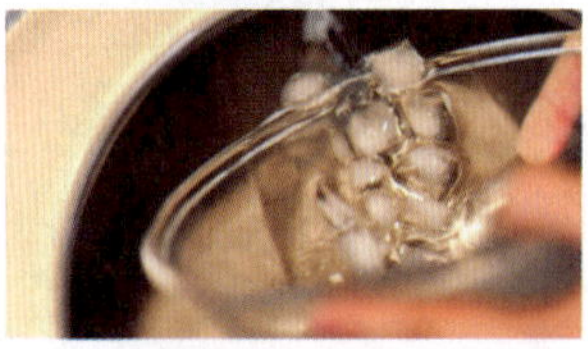	
（二） 搅打面团	1. 先放入面粉、冰水，慢速搅拌1～2min后，加入干酵母，慢速2min。		**技能点：** 碱水面包面团含低筋粉比例较高，面团较硬，很难搅打至类似甜面团薄而均匀的面筋膜，因此碱水面包面团的搅打终点为7～8分筋。
	2. 后加入黄油和盐，再慢速2min，快速5min，搅打至7～8分筋。		
	3. 将面团取出，此时面团温度应在22～24℃。		

实施环节	实施步骤	实施图片	知识点/技能点
（三） 分割搓圆	分割面团，分成14个80g和8个60g。将面团搓圆后放置于烤盘中，不需要松弛，直接成型。室温一般26℃左右为宜，不应太高、以免酵母过度活跃。	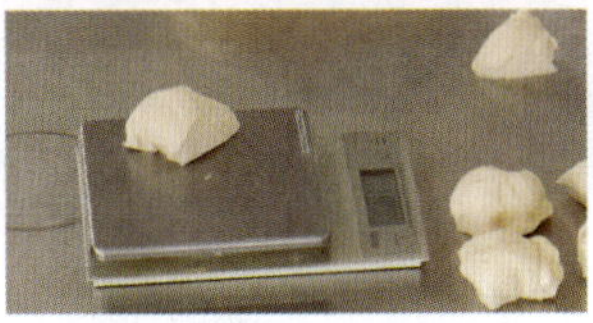	**知识点：** 1. 碱水面包面团不需要进行一次发酵。面团一次发酵的主要目的是增加面团发酵的面香味。但对碱水面包来说，氢氧化钠溶液浸泡后烘烤带来的特殊香味占据主导作用。此外，因为一次发酵会增加面团弹性，影响面团搓长，同时会降低面团表面的光滑程度。 2. 面团搓圆等操作后，面筋会变得紧绷，因此需要静置（松弛）3～5min，面团就会相对容易操作，但不能松弛太久，否则影响面团表面的光滑程度。
（四） 整形	**巴伐利亚碱水面包：** 1. 取80g面团，擀成牛舌状，翻面，下方粘在操作台上，从上往下卷起，卷制过程中要随时压紧面团，卷起后继续将面团搓至中间稍粗，两端稍细的40cm长条，再继续搓长至60cm。 2. 中间收口位置朝下，两侧交叉两次，将端头提起，压在中间稍粗部分的两侧，压紧，置于铺有高温布的烤盘中。 **花环形：** 1. 取80g面团，与上述手法一样，搓成粗细均匀的长条，长度约25cm，再搓长至35cm左右，依然保持粗细均匀，再次搓长至50cm左右。	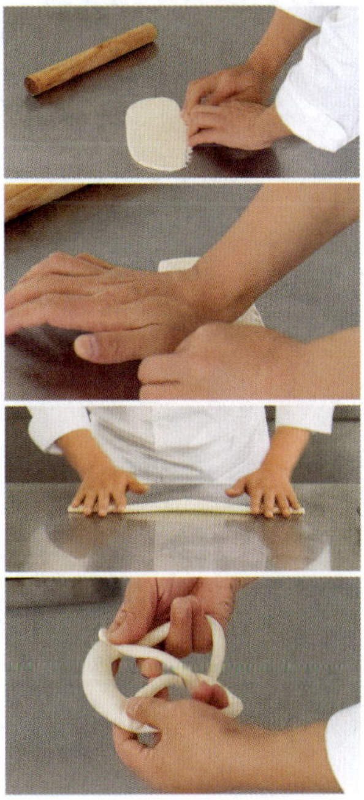 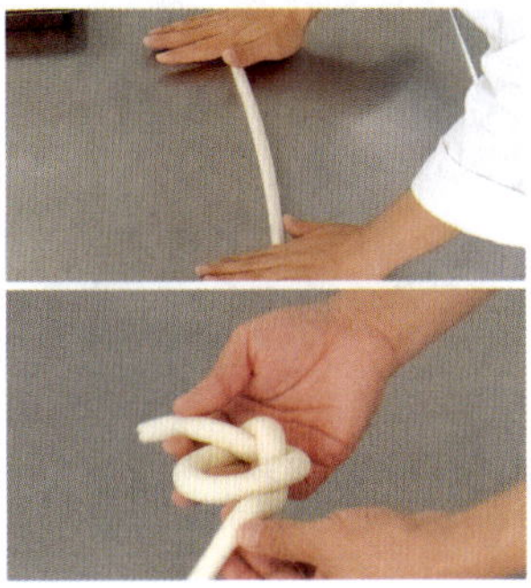	**知识点：** 面团松弛过程中盖上保鲜膜、防止干燥；另外松弛时面团也在发酵，不能时间太长。 **技能点：** 传统的巴伐利亚碱水面包造型，搓长条时整体应保持中间稍粗，两端稍细，这样做出来的造型会更加立体。此外，搓长条时，两只手往两侧用力要均匀，保证两端粗细长短一致。

实施环节	实施步骤	实施图片	知识点/技能点
（四）整形	2. 两手各拿一端，右手往左翻转，下方打一个结，然后左侧的端头从上往下折，右侧的端头从下往上折，最后将两个端头捏紧，绕成花环形。		
	单股辫： 取80g面团，搓成均匀的长条，右侧端头顺时针弯至离左端1/3长度处，将右边的圆翻转至左边，左边的1/3从圆形中插入，放置于最右端，左手边的圆向右翻转，右手边的端头插入圆中。	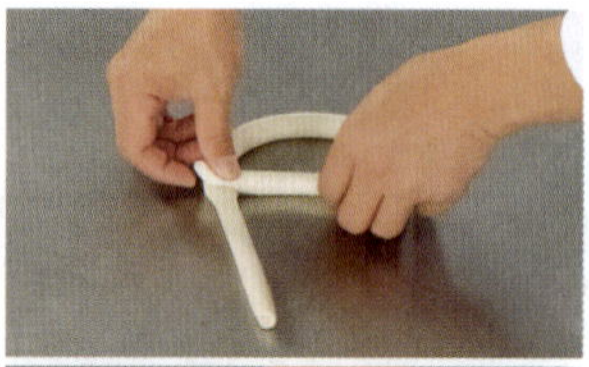 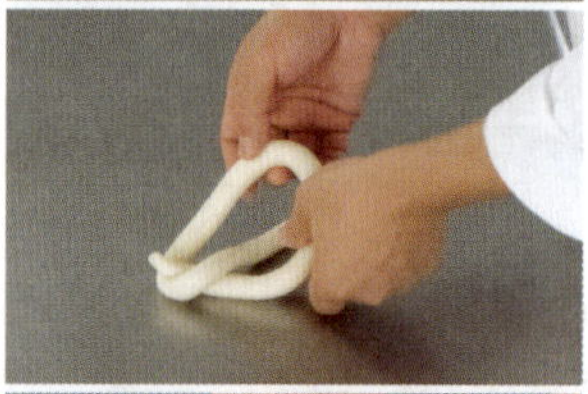 	
	圆形： 直接用搓圆后的60g面团即可。		
	橄榄形： 将60g面团排气，擀成牛舌状，翻面，卷成橄榄形，再将两头搓尖。	 	

实施环节	实施步骤	实施图片	知识点/技能点
（四） 整形	**中国结：** 将60g面团搓成约50cm长，两头尖的长条，先从中间绕出圆头，再两侧各绕出一个圆头，然后将下方多余的部分像麻绳一样拧起，将尖端压紧。	 	
	音符： 将60g面团搓成约50～60cm的长条，两头尖，直接在烤盘上绕出音符造型，先将一端从右往左，从下往上绕成半圆弧形，然后在顶部折出一个圆头，接着将剩余部分沿着圆弧中心放下来，最后将开始的尖端头拿起，回压至中心线上。	 	
（五） 醒发装饰	1. 盖上发酵布，室温发酵约30min。		**知识点：** 醒发的目的主要是使面团的组织稍微变得蓬松。发酵时间过短，面团体积达不到要求，时间过长会导致面团组织过于膨松，影响外观和口感。
	2. 配制碱水。向1000g温度约40℃的温水中加入40g烘焙碱，搅拌溶解，配制成碱水溶液。		**知识点：** 1. 碱水一般用塑料盒装，避免和金属起反应。 2. 提前30min左右将碱水配制好，使烘焙碱充分溶解。
	3. 浸泡装饰。 （1）巴伐利亚造型：将面团放入碱水中，全部浸入，停留10s左右，取出放置于烤盘，在上方较粗的部分割包，再撒上烘焙盐装饰。		**技能点：** 1. 确保面团全部浸入碱液中，使后续上色均匀。 2. 稍晾干表面可以使割包更易操作。 3. 割包的深度约0.5～1cm，尽量1刀完成。 4. 盐不能多，要适量，否则影响面包口感。

实施环节	实施步骤	实施图片	知识点/技能点
（五）醒发装饰	（2）花环形和单股辫：浸泡碱水后在表面撒适量白芝麻、瓜子仁、亚麻籽和烘焙盐的混合粒，再撒少量马苏里拉芝士碎装饰。 （3）中国结和音符：这两种面团浸泡碱水后无需进一步处理。	 	
	（4）圆形和橄榄形：面团浸泡碱水后，都需要割包处理。圆形面团用剪刀在高度2/5处剪开，再在两侧各剪2刀，共剪出6个剪痕；橄榄形用刀割包，割包深度也是2/5，沿长斜割2刀，最后撒烘焙盐装饰。	 	
（六）烘烤	层炉烘烤：温度为上火210℃，下火为170℃，时间为15min。		**知识点：** 碱水面包表面深褐色的原因：碱的存在可以使淀粉更容易降解，从而降低了美拉德反应的门槛，使得美拉德反应更容易发生，产生了更多美拉德反应产物。 **技能点：** 全程打开烤箱风门让炉内水蒸气尽快排出，使面包表面色泽更加光亮。
（七）冷却	出炉后在表面喷牛乳，增加面包表面的光泽度，随后将面包放置冷却至室温。		**技能点：** 出炉后尽快将面包取出置于晾网上冷却，避免底部碱水残留过多影响口感。

典型工作环节三

问题反思及产品评价

一、常见问题及原因

1. 面包表面不光亮

面包表面不光亮的主要原因：（1）成型时面团发酵导致面团弹性较大，面团中有气泡产生，成型后表面粗糙，从而导致烘烤后不够光亮；（2）烘烤时湿度过大，烤碱水面包最好用平炉烤，不要喷蒸汽；（3）碱水浓度不够或浓度过大。

2. 面包上色不均

面包上色不均主要是因为浸泡碱水时面团各部位浸泡不均匀。浸泡碱水时，应将面团全部浸入其中，浸泡后需要放置在油布上静置一会，稍晾干表面。对于造型复杂的面包来说，所有的面团应来源一致，以保证造型及上色均匀。

3. 割口不明显或不美观

割口不明显或不美观是由于割包时没有处理好。对于巴伐利亚碱水面包来说，应在面坯中部最粗的位置割口，割口深度为0.5～1cm。割包时用刀尖部位下刀，动作要快、准，一次完成。如果割包过浅，烘烤出来后割口就不明显；如果割包没有一次完成，烘烤出来后割口就不美观。

4. 面包侧面出现裂纹

面包侧面出现裂纹的主要原因：（1）面团成型时为长条形，容易导致面团收口置于侧面，在烘烤过程中产生裂纹；（2）割口过浅导致表面遇高温后迅速定形，面团中产生的气压容易从侧面较弱的位置形成出口；（3）面团搅拌不足，面筋过于紧绷，延展性不够，从而在烘烤过程中产生裂纹。

二、感官评价

序号	指标	情况描述	分值范围	得分
1	外观（40分）	表面光亮，颜色呈棕红色，色泽均匀，体积饱满，割口均匀、美观	35～40	
		表面比较光亮，颜色呈浅棕色，色泽均匀，体积比较饱满，割口比较均匀、明显	25～35	
		表面粗糙、光亮不足，颜色过浅或有小气泡产生，色泽不均匀，体积明显不够饱满，割口不明显、不均匀	10～25	
2	质构（30分）	面包组织状态均匀、有足够的弹性，截面气孔均匀	25～30	
		面包组织状态比较均匀，弹性不足，截面气孔不均匀	15～25	
		面包组织状态不均匀，硬度较大，几乎没有弹性，截面气孔不明显	5～15	
3	口感（30分）	面包具有明显的碱香，具有弹、韧的口感。若有馅料，馅料口感与面包部分搭配协调	25～30	
		面包有比较明显的碱香，弹、韧口感不足，稍显粗糙。馅料口感与面包部分勉强搭配	15～25	
		面包碱香不足，口感硬且粗糙。馅料口感与面包部分搭配不协调	5～15	

典型工作环节四

课后巩固与拓展

一、巩固练习

1．对比甜面团的10分筋状态，请用语言描述碱水面团的搅打完成状态。

2．在我国北方的一些地区，煮粥的时候会加一些面碱（碳酸氢钠），请你说说加面碱后粥的变化。

3．请总结说明，使得碱水面包表面光亮的关键点有哪些。

4．对比碱水面包和甜面包的色泽，请说明两种面包色泽产生的原因。

二、拓展资源

请扫码观看大列巴和带馅碱水面包微课。

大列巴微课　带馅碱水面包微课

碱水面包起源于德国，并且是作为主食之一，所以在欧洲，碱水面包早已实现自动化量产，就像我国的馒头一样。碱水面包因其有明显的碱味，产品受众不像甜面包那么广泛，但喜欢它的消费者也恰恰是因为这特殊的风味和口感。碱水面包具有棕红色外观、口感韧性十足，极具代表性。近年来，碱水面包开始作为烘焙大赛的比赛内容之一，例如第一届和第二届全国职业技能大赛烘焙项目中就含有“德国碱水面包”模块，要求在4h内制做10个原味德国碱水面包，每个烤后质量为（80±5）g，同款的大小形状要求一致，并且不得使用改良剂以及预拌粉。这就要求选手对碱水面包面团有充分的了解，并且要有扎实的基本功。无论参赛与否，把每一个面包做到完美是烘焙人的共同追求。

实训任务三　加工吐司

任务目标

知识目标

1. 掌握中种的制作方法及中种的作用。
2. 掌握中种法与直接法的互换。

能力目标

1. 能判断吐司面团二次发酵终点。
2. 能正确判断烘烤终点。
3. 能评价吐司成品的感官品质。
4. 能分析吐司成品出现的问题。

吐司成品图

素质目标

1. 通过小模具的使用，将所有面团利用完全，树立节约意识。
2. 通过践行整形中卷面团的松紧度要求、宽度要求等，感受工匠精神。

任务描述

相比甜面包，吐司对面团发酵、整形和烘烤的要求更高，所以烘焙考级中往往会考吐司的制作。和甜面包类似，工业化生产吐司一般也采用中种法，生产出来的吐司组织细腻、均匀，不容易塌腰。此外，吐司一般作为家庭早餐之一，种类也越来越丰富，出现了全麦吐司、果蔬吐司、口感层次丰富的果干吐司、香味浓郁的金砖吐司、柔软的日式生吐司等各类产品，在满足消费者饱腹需求的同时，更加营养和健康也已成为吐司产品的发展趋势。

典型工作环节一

任务准备

一、微课预习

请扫码观看中种吐司微课，观看后请扫码完成相关预习题。

中种吐司微课　吐司预习题

二、原辅料准备

中种配方

序号	原料	质量/g	烘焙百分比/%	序号	原料	质量/g	烘焙百分比/%
1	高筋粉	700	70	3	高糖干酵母	14	1.4
2	细砂糖	50	5	4	冰水	420	42

主面团配方

序号	原料	质量/g	烘焙百分比/%	序号	原料	质量/g	烘焙百分比/%
1	高筋粉	300	30	5	冰水	100	10
2	盐	12	1.2	6	蛋液	100	10
3	细砂糖	100	10	7	黄油	60	6
4	乳粉	40	4				

注：蛋液多备一些，后期装饰需要。

三、工器具准备

序号	工器具	设备	其他
1	方形刮板	制冰机	厨房纸巾
2	台秤	插盘式冰箱	食品级手套
3	温度计	搅面机	抹布
4	面包刀	醒发箱	
5	擀面杖	层炉	

续表

序号	工器具	设备	其他
6	面团发酵箱		
7	不锈钢盆		
8	烤盘		
9	450g吐司模具		
10	羊毛刷		
11	晾网		

典型工作环节二

任务实施

实施环节	实施步骤	实施图片	知识点/技能点
（一）制作中种	1. 将所有材料放于搅面机，慢速搅至无干粉，快速打至5分筋，起缸，此时面温应在26℃左右。		**知识点：** 中种面团只打至5分筋，是为了后期在主面团中继续搅打而不会断裂。
	2. 中种面团置于面团发酵箱中室温发酵至原体积的3～4倍（时间约2～3h）；取出使用，也可冷藏备用。		**知识点：** 如果冷藏备用，需考虑中种面团体积大小对面团降温速度的影响。如果面团较大，则中心温度下降缓慢，需要适当减少室温发酵时间。
（二）主面团物料称量	1. 将所有的干性材料一起称量。		**知识点：** 1. 直接法可以转变为中种法，以本配方为例，具体的方法为：（1）面粉为全方的70%；（2）酵母为全方酵母用量的100%；（3）砂糖为全方面粉的5%；（4）水为中种中高筋粉的60%。将同类材料合并即可。 2. 中种的配方不是一成不变的，除上述配方，也可将全方中面粉取50%，酵母取50%，水取中种面粉的70%制作中种。
	2. 将所有湿性材料一起称量，使用冰块控制面团温度。	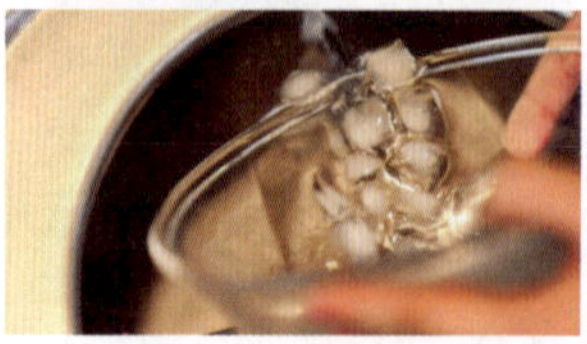	

实施环节	实施步骤	实施图片	知识点/技能点
（二）主面团物料称量			**技能点：** 如果中种面团是室温发酵后直接使用，则主面团中的水全部用冰替换；如果中种面团经过冷藏，则可降低冰的比例。
（三）搅打主面团	1. 将除黄油以外的干湿性材料一起放入搅面机中，搅至无干粉，即可加入中种，慢速结合快速打至7分筋。	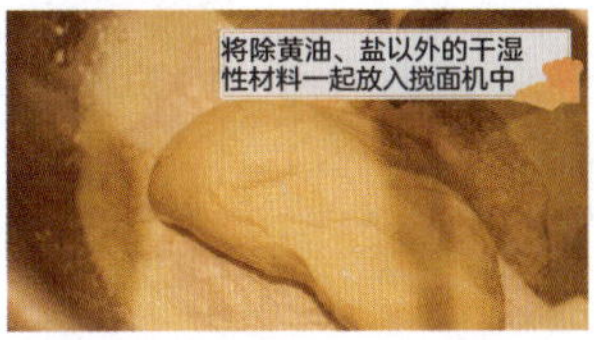	**技能点：** 1. 需控制黄油软硬度，用刮板下压黄油容易变形即可使用。如黄油偏硬需切成小块使用。 2. 面筋程度判断。参考甜面包部分。
	2. 调慢速，分1～2次加入黄油，慢速搅打至吸收，之后快速搅打至10分筋，起缸。面团温度应在24～26℃。	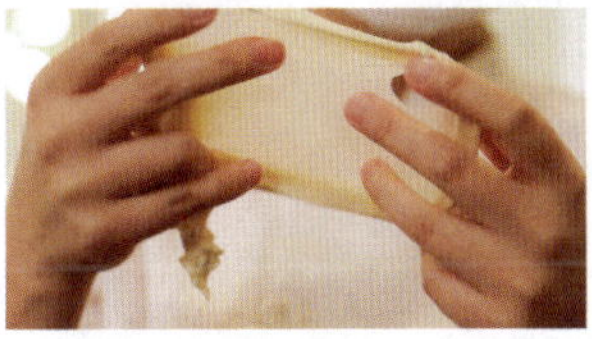	
	3. 手蘸面粉或色拉油，将出缸后的面团光面朝上，糙面朝下，放置于操作台上。		
（四）分割搓圆	直接分割面团为235g/个，搓圆后放置于面团发酵箱中。		**知识点：** 吐司盒为450g，分两个面团，每个225g即可，为保证吐司外形饱满，每个多切分10g。 **技能点：** 面团较大，采用双手搓圆，将面团置于操作台，手掌心蘸面粉，但操作台上不能有粉，手掌扣住面团，用掌心力量推揉面团朝一个方向转动，双手控制面团，保持粗糙的一面一直在下。
（五）室温一次发酵	盖上盖子，室温发酵60min。		**知识点：** 1. 吐司先分割再发酵，目的是使发酵完成的面团面筋不会因再次分割搓圆而破坏。 2. 吐司的风味要优于甜面包，因此一次发酵的时间比甜面包长。

实施环节	实施步骤	实施图片	知识点/技能点
（六）整形	1. 取出面团、排气，压扁，先擀成长方形，翻面，从上往下折成3折。		**技能点：** 擀成的长方形要比较规则，折起后整体宽度一致，便于二次整形。
	2. 放置面团发酵箱中松弛20min。		**技能点：** 面团在松弛过程中一定要盖上盖子，保证面团表面不会干燥，否则干燥产生裂纹，将严重影响后续产品的组织及外观。
	3. 二次整形：排气，擀成长条形，宽度不超过吐司盒的宽度，擀面时从中间开始，到端头时停下，不要越过端头，再从中间开始，以同样的手法往另一端擀，翻面，下端粘在操作台上，自然卷起。	 	**技能点：** 1. 擀长条需用力均匀，厚度一致，宽度一致，宽度要小于吐司盒的宽，保证后续操作能顺利放入模具。过程中有两端不一致的地方需要及时调整用力来保证一致。 2. 卷制时太紧会影响面团膨胀，导致体积较小；卷制时太松则会导致面筋结构不紧致，使面包组织粗糙及塌陷。
	4. 卷起后收口朝下放入450g吐司盒中，2卷为1盒。		**技能点：** 两个面团要均匀放置在吐司盒中，以便后期发酵膨胀，最终形成漂亮的外观，尤其是顶端，要看得出是由两块几乎一样大的面团组成的。
（七）醒发装饰	1. 置于醒发箱进行二次发酵，温度30～38℃，湿度80%，发至面团高度为吐司盒高度的80%～90%，时间约为90min。		**知识点：** 体积膨大至吐司盒高度的80%～90%比较合适。若取出太早，后续吐司的总体积达不到要求；若顶部高度超过吐司盒，则没法制作带盖吐司。此外，二次发酵过久也会使面团发酸。
	2. 取出，在表面刷薄薄一层蛋液。刷蛋液时，要注意是手腕在动，而不是胳膊在动。		**技能点：** 吐司的体积增大倍数比甜面包更大，因此发酵出来的面团非常柔软，刷蛋液时一定要轻轻地扫动，不能用力过大。

实施环节	实施步骤	实施图片	知识点/技能点
(八) 烘烤	用层炉烘烤，上火180℃，下火200℃，不带盖子烘烤，时间35min左右，表面颜色呈金黄色。		**知识点：** 若带盖子烘烤，则不必刷蛋液，二次发酵后取出直接将盖子盖好放入烤箱，烘烤时间约35min。 **技能点：** 入炉时要轻拿轻放，不可振动太大。
(九) 冷却	取出振盘，去除高热，然后立即脱模，置于晾网上冷却。		**技能点：** 1. 脱模要迅速，否则热量无法及时散出会导致吐司皱缩。 2. 切片要等到彻底冷却定形后，否则外力会导致吐司片变形。
(十) 包装	冷却后包装。		**技能点：** 需要及时包装，避免面包失水导致的老化。

典型工作环节三

问题反思及产品评价

一、常见问题及原因

1. 吐司外形不饱满或过于饱满

不饱满的具体表现为：带盖吐司上面四个角空隙很大，不带盖吐司高度不够。这主要是由发酵不足引起的。过于饱满具体表现为：面包体积过大；带盖的话，四个角已经不是圆角，而变成直角，甚至溢出盖子。这主要是发酵过度导致的。

2. 吐司色泽偏深或偏浅

不带盖吐司上表面颜色应为金黄色，不带盖吐司高度较高，离上炉膛更近，上色较快，初学者容易只通过表面上色情况来判断成熟，造成烘烤不足。事实上应该通过烘烤时间和上色情况共同来判断吐司是否成熟。带盖的吐司各表面色泽应一致，都应为金黄色，如果烘烤时间无误，但颜色过深，则需要降低烘烤温度；如果烘烤时间无误，但颜色过浅，则需要升高烘烤温度。此外，如果是侧面的颜色不够，很可能是因为两个吐司模具放得太近，阻挡了侧面受热。

3．吐司出现塌腰现象

吐司出现塌腰现象的主要原因：（1）烘烤时间不够或烘烤温度偏低，没能形成稳定的支撑结构；（2）使用直接法制作吐司也容易导致塌腰，相比较，中种法不易塌腰；（3）整形卷制时卷得过松，导致二次发酵后面团中的面筋结构不紧致，撑不起整个结构，使得烘烤后的吐司出现塌腰；（4）配方中含水量较大，面团过软，面筋结构未能形成稳定的支撑；（5）若为含馅料吐司，可能会因为馅料水分较大或比例过高导致吐司塌腰。

4．吐司表面有大气泡

吐司表面有大气泡的主要原因：（1）整形卷制时卷得过松，面团空隙大，容易产生大气泡，在烘烤过程中气泡迁移到表面；（2）吐司二次发酵后刷蛋液用力过重，导致表面的面团有所损坏，小气泡受损、破裂，形成大的气泡；（3）刷蛋液后入炉时振动较大，容易使面团中原本较小的气泡聚集产生大的气泡。

5．吐司侧面爆裂

吐司侧面爆裂的主要原因：（1）面团的筋力太强，应该延长面团的搅拌时间或一次发酵时间以适当降低筋力；（2）配方中柔性材料比例过低，造成面筋的延展性不足。

6．吐司组织粗糙

吐司组织粗糙的主要原因：（1）整形过程中排气排的不彻底或不均匀，从而导致面团的组织结构不均匀，产生粗糙感；（2）面团搅拌过度，出现面筋断裂导致产品组织粗糙。

7．吐司截面出现沉降

吐司截面出现沉降的主要原因：（1）发酵过度，导致体积比预期更大，上半部分的密度就会更小，从而出现沉降；（2）吐司的烘烤温度过低，面包中心受热膨胀较慢，等中间的部分受热膨胀时，就会挤压四周，使四周产生更加结实的组织结构。

8．吐司产品的老化

吐司产品作为主食，一般要室温存放2～3天，有些吐司第2天就会出现明显的老化，出现掉渣、口感发干，应该进行延缓老化的操作，比如采用中种法、添加老面、添加酶制剂等。

二、感官评价

序号	指标	情况描述	分值范围	得分
1	外观（40分）	无盖吐司表面颜色为光亮金黄色，高低一致，表面无气泡；带盖吐司各面为金黄色，四个角为圆角，整体饱满、无塌腰、无皱缩、无爆裂	35～40	
		无盖吐司表面颜色一致，高低基本均匀，表面无明显气泡；带盖吐司各面颜色一致，四个角的圆角空隙过大或形成直角，整体形状不够饱满，有稍微的塌腰和皱缩、无爆裂	25～35	
		无盖吐司表面颜色明显偏浅或偏深，高低不均匀，表面有明显气泡；带盖吐司各面颜色偏浅或偏深，四个角空隙过大或溢出，整体形状明显不饱满或过大，有明显的塌腰和皱缩或者侧面有明显的爆裂	10～25	
2	质构（30分）	吐司组织状态均匀、柔软，截面气孔均匀，无沉降，具有明显的拉丝效果和弹性	25～30	
		吐司组织状态比较均匀，柔软程度不足，截面气孔局部不均匀，有些微沉降，弹性不足	15～25	
		吐司组织状态不均匀，硬度较大，截面气孔明显不均匀，沉降明显，几乎没有弹性	5～15	
3	口感（30分）	吐司具有明显的香、软、弹的口感。若有馅料，馅料口感与面包部分搭配协调	25～30	
		吐司有一定程度的香、软、弹，口感稍显粗糙，馅料口感与面包部分勉强能搭配	15～25	
		吐司有一定程度的香，口感硬且粗糙。馅料口感与面包部分不搭配	5～15	

典型工作环节四

课后巩固与拓展

一、巩固练习

1. 请你说说中种法和直接法之间的异同。
2. 请拓展掌握250g，1000g，1200g等吐司模具对于面团分割和摆放的要求。
3. 如果换成直接法制作吐司，同时想有效延缓老化，可以如何调整配方？
4. 低糖吐司模具和普通吐司模具的区别是什么？

5. 对于不规则的吐司模具，如何计算面团质量？

6. 对于大小不同、是否带盖的吐司，如何设定烘烤时间与温度？

二、拓展资源

请扫码观看杂粮吐司和开酥吐司微课。

杂粮吐司微课　开酥吐司微课

传统上把吐司归为软质面包类，但因其市场占比越来越大，顺应市场发展将其单独归为一类更加合理。吐司产品种类丰富，有甜吐司、咸吐司、杂粮吐司、各式夹馅吐司等，其体积较大，瓤心部分较多，能较长时间保持柔软、口感湿润。吐司作为主食，逐渐走上了家庭餐桌，一方面是营养健康，另一方面是片状吐司非常适合于二次加工，比如可以夹火腿、煎蛋、蔬菜等自制三明治。吐司的造型简单，有利于工业化生产，目前自动化生产吐司已相当普遍。

市场上专卖吐司的店逐渐增多，这些门店的吐司种类齐全，且注重产品的创新，毕竟持续的产品创新才能给消费者带来持续的新鲜感。对于吐司产品的创新，可以从原料及馅料方面入手，顺应健康和口味多变的需求，开发多种多样的杂粮吐司以及添加果蔬泥的特色吐司。此外，制作更柔软的吐司也是一部分面包师的不断追求，使用吸水能力更高的面粉、添加烫种面团等都是可以采用的方法。

实训任务四 加工法棍

任务目标

知识目标

1. 掌握法棍面团的发酵特点。
2. 掌握酸种和液种的作用。
3. 熟悉法棍面团搅打中盐的两种添加方式。

法棍成品图

能力目标

1. 能判断无糖无油面团的10分筋状态。
2. 能独立进行法棍面团的整形及割包。
3. 能判断烘烤终点。
4. 能评价法棍成品的感官品质并分析出现的问题。

素质目标

1. 通过对法棍进行整形、割包等操作，体会操作的难度，感悟工匠精神。
2. 法棍配方简单，操作难度却大，在任务实施中思考“简单”和“复杂”之间的关系。

任务描述

在人们印象中，欧式面包大个头、深肤色，就像硬朗的农场小伙儿，看上去十分朴实健康。欧式面包以面粉、酵母、水、盐为基础原料，搭配各种谷物杂粮、坚果等制成，由于制作程序和样式不同，产品的组织结构也不同，从而形成各种不同的种类。

法棍是众多欧式面包中最具代表性的品种之一，其酥脆的外皮、松软有弹性的瓤心、浓郁的发酵香味及麦香味，让人回味无穷。法棍面团由制作面包最基础的原料——面粉、酵母、水和盐组成，正因为材料简单，在制作面包的各个环节中稍有差异，其最终产品的外观和口感就可能完全不同，也正因如此，法棍也成为最难制作的面包之一。制作出成功的法棍已成为每个烘焙师的追求，同时法棍也成为各类烘焙比赛必做的产品之一。

典型工作环节一

任务准备

一、微课预习

请扫码观看法棍微课，观看后请扫码完成相关预习题。

法棍微课　　法棍预习题

二、原辅料准备

酸种配方

序号	名称	质量/g	烘焙百分比/%	序号	名称	质量/g	烘焙百分比/%
1	T65粉	1000	100	3	低糖干酵母	5	0.5
2	水	900	90				

法棍面团配方

序号	名称	质量/g	烘焙百分比/%	序号	名称	质量/g	烘焙百分比/%
1	T65粉	1700	85	4	低糖干酵母	6	0.3
2	高筋粉	300	15	5	盐	40	2
3	酸种	400	20	6	冰水	1300	65

三、工器具准备

序号	工器具	设备	其他
1	刮板	制冰机	厨房纸巾
2	台秤	搅面机	食品级手套
3	温度计	醒发箱	抹布
4	刀/面包刀	带石板蒸汽层炉	油纸
5	发酵布	厨师机	保鲜膜
6	转移板		烤盘袋

续表

序号	工器具	设备	其他
7	面团发酵箱		
8	不锈钢盆		
9	烤盘		
10	粉筛		
11	晾网		

典型工作环节二

任务实施

实施环节	实施步骤	实施图片	知识点/技能点
（一）制作酸种	1. 制作酸种：将所需材料称量后混合，用厨师机2档慢搅至酵母完全溶解，面团光滑无颗粒。 2. 倒入干净的容器中，盖上保鲜膜，室温发酵12h。	  	**知识点：** 制作酸种，需要将面团一直放置于室温下，酵母在这样的温度下发酵很快。一开始，酵母进行有氧发酵，自身大规模生长，之后进行无氧发酵，产生二氧化碳和乙醇，因为持续时间很长，所以面团产生的二氧化碳很多，酸度就大，因此被称为酸种。 **技能点：** 酸种制作时搅匀至无面粉颗粒即可，无需过度搅拌。
（二）搅打面团	1. 将T65粉、高筋粉和冰水放入搅面机中，慢速搅拌成粗糙的面团，密封放置于室温30min左右，也可放置于5～10℃环境中24h左右。	 	**知识点：** 1. 面团及环境温度越高，水解速度越快，相反则越慢。 2. 水解过程中面粉中的酶被活化，蛋白酶可以软化面筋，让面团有更好的延展性及可塑性，同时可缩短面团搅拌时间。淀粉酶将一部分破损淀粉降解成糊精和糖，为酵母提供能量。 3. 酶的作用会被酵母和盐等物质阻碍，因此水解时只用面粉和水。

实施环节	实施步骤	实施图片	知识点/技能点
（二） 搅打面团	2. 将水解后的面团倒入搅面机中，加低糖干酵母、酸种和盐，慢速搅打成团，再慢速搅打至水分完全吸收，至10分筋，出缸面团温度为22～24℃。 3. 台面撒粉，面团收圆后轻压成类似长方体形状，放到筛过薄粉的烤盘中，表面再撒薄粉。	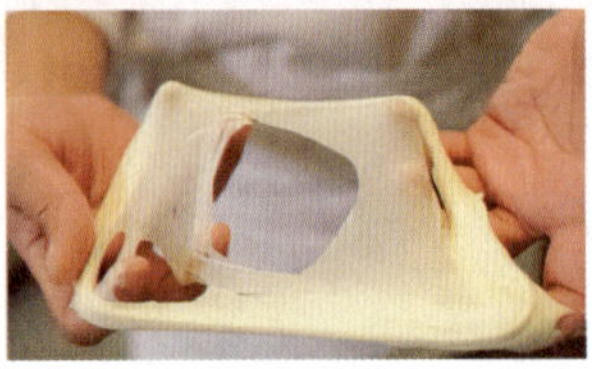	**技能点：** 法棍面团的10分筋虽然也可拉出半透明薄膜，但因为没有油脂和糖作为润滑，断口不会特别平滑，薄膜也不会像甜面团那样透明，千万不要误以为10分筋没到而一直搅打。
（三） 室温发酵	1. 法式面包面团的一次发酵温度为26～28℃，湿度为75%左右。 2. 套上烤盘袋，进行第一次室温发酵，醒发时间为60min，中途不用翻面。	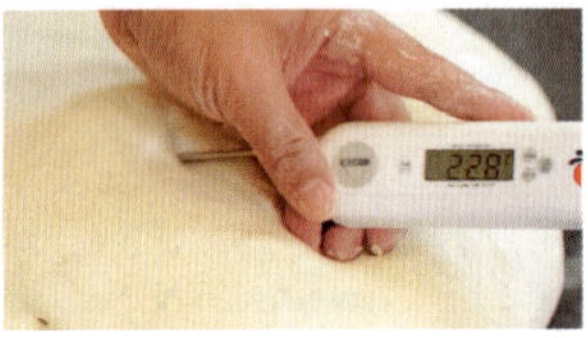  	**知识点：** 当面粉筋度较弱，面团含水量大、延展性好、弹性弱时，可以在基础发酵过程中增加一次翻面，来增强面团的弹性。翻面的作用如下：（1）翻面的过程中通过折叠面团，增加面筋的弹性，让面包获得更饱满的体积；（2）使面团内外发酵程度和温度更加均匀。
（四） 分割	台面筛粉，将面团平着取出，表面筛薄粉，稍微拍下大气泡，分割面团为340g/个，将碎面团放在中间。	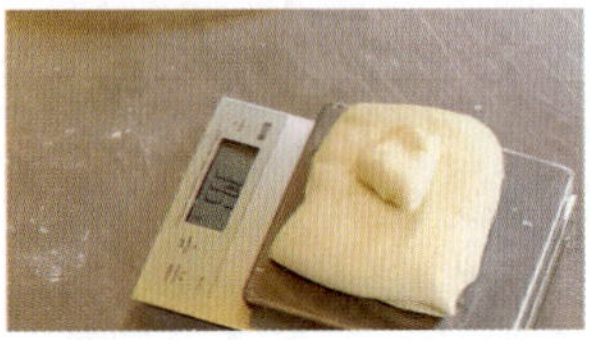	**技能点：** 分割面团时应确保干净利落，保持面团的筋性结构，避免拉扯面团，在处理高含水量面团时更需要仔细、轻柔，防止破坏面筋结构。
（五） 初步整形	排气以除去大气泡，将面团卷成长条，收口向下放入筛过粉的发酵布，室温松弛40～60min。	 	**知识点：** 1. 面团分割后，面团形状不规则、切面有黏性、面筋变得杂乱，通过预整形使面团中的面筋重新排列，并获得光滑的表皮，有利于后期的整形和最终面包的质构。 2. 松弛能让面团产生新的气体，恢复其柔软性，便于最终整形的顺利进行。影响松弛时间的因素有：预整形面团的松紧度，环境的温度及湿度。温度高、松弛时间短，面团持气性差；温度低，面团松弛不足，韧性大，最终整形时面团表皮易破裂，损伤面筋组织。

实施环节	实施步骤	实施图片	知识点/技能点
（六） 最终整形	1. 台面撒粉，向面团表面撒粉使其不粘手，收口向上放置，均匀用力排出大气泡，将面团的1/3宽从上往下折，轻压折边。		**技能点：** 1. 松弛完成的面团非常柔软，拿取面团时双手蘸少许干粉捧起面团，或用刮板协助，避免拉拽。 2. 排气轻柔，折叠对称，搓长用力均匀，最后收口用手掌根部轻轻压紧。整形好的法棍表面光滑紧实有弹性。
	2. 继续将折下来的部分向下折起，用手掌根部压紧收口。	 	
	3. 随后用双手轻搓面团，将面团搓至长度为50~55cm、粗细均匀的长条形		
（七） 醒发	发酵布撒粉，折出凹槽，将面团收口向上置于凹槽中，放满整盘后，将另一侧的布翻盖在面团上，室温醒发1h左右。		**知识点：** 法式面包因为含水量大，面团柔软，所以最终醒发的温度较甜面包低，一般不放醒发箱，而是用发酵布包裹，放在木板上或密封的木箱中，用发酵布是为了保护面包有饱满的外形，如果发酵温度高或湿度偏大，面团表面发黏，不容易割包，可将醒发好的面团放置冷藏室10min左右，这样可以使面团表面变得干爽，有利于割口。
（八） 割包	1. 割包时刀与面团的纵向角度为45°。		**知识点：** 法棍面包的割包有严格要求，一般为单数，常见的法棍表面是割5刀或7刀。

<table>
<tr><th>实施环节</th><th>实施步骤</th><th>实施图片</th><th>知识点/技能点</th></tr>
<tr><td>（八）
割包</td><td>2. 刀片与面团的横向角度为30° 以下，用刀片的一个角来割，第2刀的起点为第1刀刀痕终点的1/3处，后面以此类推。刀口深度约2～3mm，长度约10～12cm，角度15°～20°。</td><td>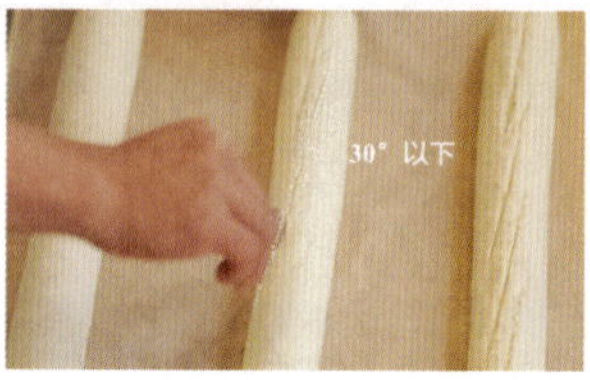</td><td>技能点：
一般有2种割法：（1）从中心起，往下弧线出刀；（2）从中心起，往上弧线出刀。要割出一定的深度，深度以烘烤后能爆裂出5个立体的侧边为宜。不管是何种手法，必须保证每刀的力度、长度和角度几乎一致，也就是均匀性，这样成品才会美观。</td></tr>
<tr><td rowspan="2">（九）
烘烤</td><td>1. 上火240℃，下火210℃，面团入炉后，喷蒸汽。</td><td></td><td>知识点：
1. 欧式面包一般采用石板烤箱，石板可以蓄积更多的热量，让面团在烤箱中持续受热膨胀。
2. 喷入蒸汽可以让炉膛内有一定的湿度，使面包表皮有更好的膨胀性且更薄，达到更好的脆皮效果，同时可以增加面包的光泽。</td></tr>
<tr><td>2. 先定时20min，然后把风门打开，再烤5min左右。</td><td>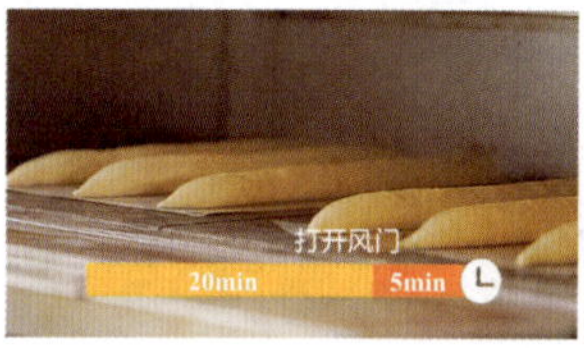</td><td>知识点：
烘烤温度及时间需根据面包上色情况及时调整，一般烘烤25min左右，如颜色较浅可调高烤箱温度，颜色较深需降低烤箱温度。</td></tr>
<tr><td rowspan="2">（十）
冷却</td><td>1. 取出后自然冷却即可，如需长时间保存，需要冷冻储存。</td><td></td><td>知识点：
1. 选用晾网冷却面包，促进良好的空气流通，避免外皮潮湿回软，影响口感。
2. 法棍面包的最佳品尝期在冷却后2h以内。
技能点：
可将法棍密封放置冷冻储存，食用时提前拿出解冻，表面喷水，或带蒸汽烘烤5min即可。</td></tr>
<tr><td>2. 将法棍从靠底部的位置切开，观察组织，应具有均匀的蜂窝状气孔，气孔壁薄且有光泽。</td><td></td><td></td></tr>
</table>

典型工作环节三

问题反思及产品评价

一、常见问题及原因

1. 组织气孔少、大小不均匀

组织气孔少、大小不均匀的主要原因：（1）面粉种类的影响。一般来说，T65粉更适合用于制作法棍，制作出的法棍气孔更加均匀，但T65粉的面筋相对较弱，因此往往在配方中补充一部分高筋粉；（2）加工工艺的影响。比如酵母量过大，发酵时间短，产生的气孔会比较细小，类似吐司和甜面包，而酵母量少，发酵时间长，产生的气孔较大，更加符合传统法棍的品质要求；（3）整形手法的影响。面团排气时用力过大或时间过长，以及最终搓长条时用力过大，导致面团组织密实。

2. 膨胀体积不够

膨胀体积不够主要是发酵不足导致的，而发酵不足主要有以下原因：（1）酵母量不足，导致发酵不足；（2）提供给酵母发酵的能量不足，比如有些面粉淀粉酶含量高、种类多，就会产生更多的糊精和糖，为酵母提供能量，相反，酵母则会因为获得的能量不足而发酵不足；（3）法棍的出缸温度较低，需要较长时间的发酵，如果发酵时间不足，就会导致体积膨胀不够；（4）法棍烘烤温度较高，如果湿度不够，面包表面会快速形成外壳，从而阻碍体积的进一步增大；（5）面筋太弱，弹性不足，无法包裹发酵及烘烤产生的气体。

3. 表面没有龟裂纹

法棍在烘烤结束取出放置室温之后，因为巨大的温差表皮产生爆裂，发出噼啪噼啪的声响，同时产生龟裂纹。没有产生龟裂纹的主要原因：（1）温差不够大，比如用于烘烤法棍的温度偏低；（2）面包体积膨胀不足，发酵不足使得法棍的表面不够薄，难以形成酥脆的外皮，即便有大的温差，厚表皮也无法产生爆裂现象；（3）烘烤不足使得面包表皮含水量较高，酥脆性差。

4. 割口不够明显、美观

割口不够明显、美观的主要原因：（1）面筋太强，面团弹性较大，在烘烤过程中面团的延展性较好，割口不容易爆裂；（2）面筋太弱，面团持气性差，导致面包膨胀效果差，同样不容易产生爆裂；（3）面团排气时用力过大或时间过长，以及最终搓长条时用力过大，导致面团中气孔较少，膨胀性差，难以产生爆裂；（4）割包的深度约2～3mm，如果深度不够，烘烤过程中由于面包体积的膨胀会将割口填满，导致割口处没能形成凸起的表皮；如果割包过深，导致烘烤后内部组织和表皮的距离过大，看起来不够饱满；（5）法棍烘烤温度较高，如果湿度不够，面包表面会快速形成外壳，导致割口无法裂开。

如任务实施中所述，导致割口不美观还有其他一些原因：割包时粘刀、每刀力度和长度不一致等。

5．法棍外形呈扁平状

好的法棍底部和侧边连接处呈圆弧形，而不是扁平状。法棍外形呈扁平状的主要原因：（1）面筋太弱，面团持气性差，导致面包膨胀效果差；（2）面团含水量过大，面团过软，面筋弹性不足，无法起到应有的结构支撑作用。

二、感官评价

序号	指标	情况描述	分值范围	得分
1	外观（40分）	整体笔直，两端稍尖，底部和侧边连接处为弧形。表面有明显的龟裂纹，有5个长度、角度、爆裂均匀的割口，割面为浅褐色，割口侧边为深褐色，其余部分为金黄色	35～40	
		整体笔直，两端稍尖，底部和侧边连接处圆弧不明显。表面龟裂纹不明显，有5个长度、角度均匀的割口，割口处爆裂不够或内外距离过大而不饱满，除割口外，颜色在金黄色和浅褐色之间	25～35	
		整体出现弯曲，底部和侧边连接处呈扁平状，表面没有龟裂纹，5个割口不均匀，面包体积膨胀明显不足，颜色过深或过浅	10～25	
2	质构（30分）	表皮薄、脆，内部组织湿润且有弹性，靠近底部切开，具有蜂窝状大小均匀的气孔，气孔壁薄且有光泽	25～30	
		表皮稍厚，有一定的脆度，内部组织有一定的弹性，靠近底部切开，气孔数量较少，且不够均匀	15～25	
		表皮较厚、较硬，内部组织不够湿润，弹性不足，靠近底部切开，气孔数量较少，且大小明显不均匀	5～15	

续表

序号	指标	情况描述	分值范围	得分
3	口感（30分）	具有浓郁的烘烤香味和发酵香味，外皮酥脆，内部口感湿润有弹性	25～30	
		具有较明显的烘烤香味和发酵香味，外皮硬脆，内部口感稍有弹性	15～25	
		有一定的烘烤香味和发酵香味，外皮口感较硬，内部口感偏干	5～15	

典型工作环节四

课后巩固与拓展

一、巩固练习

1. 法棍面团的出缸温度在22～24℃比较合适，这个温度比甜面团的出缸温度要低，请解释原因。

2. 法棍是无糖无油面包，请说明法棍发酵过程中酵母需要的能量如何获得。

3. 比较欧洲面粉和国产面粉在加工法棍中有何不同，请通过实操并查阅文献进行解释。

4. 制作法棍时，也常采用后加水的方法，即在搅拌至9分筋时分次加入水分，每次加入水前必须确认面团已经将水完全吸收，后加水量控制在总面粉量的5%～10%之间。请解释后加水操作有何作用。

二、拓展资源

请扫码观看黑麦面包和乡村果料面包微课。

黑麦面包微课　　乡村果料面包微课

法棍在众多面包产品中有“面包之王”的称号，足见它的地位。法棍是极具代表性的面包产品，各级各类专业烘焙比赛中都将法棍作为考核内容之一。制作法棍的原材料非常简单，也恰恰是因为使用的物料少，更考验烘焙师的技艺。在世界技能大赛的烘焙项目中，要求每一根成品法棍的长度在50～55cm，整体笔直，表面颜色为金黄色，有5道割口，且割口角度、大小均匀一致，内部气孔均匀，气孔壁薄而透明。这些高标准充分印证了法棍制作的难度。

编者团队根据世界技能大赛烘焙项目中法棍的评价指标，将其逐个分解，开发了法棍的智能评分小程序，初步实现了将主观评价变为客观评分。法棍在欧洲国家一般作为主食，在国内往往还会进行二次加工，比如法式奶香片、蒜香法棍等。市场上的法棍产品大部分是二次发酵法生产的，产品风味更好，但是生产时间较长，所以一般先烤至半熟再进行冷冻和销售，食用之前进行二次烘烤，保证消费者可以在出炉后2h内品尝到口感最佳的法棍。

智能评分小程序

实训任务五　加工可颂

任务目标

知识目标

1. 掌握片状黄油的特性及其与面团的比例。
2. 掌握面团、油脂的温度与软硬度之间的关系。
3. 熟悉可颂感官评价的要点及原因。

能力目标

1. 能安全操作开酥机。
2. 能对三角面团进行直牛角和弯牛角两种整形操作。
3. 能评价可颂成品的感官品质并分析出现的问题。

可颂成品图

素质目标

1. 通过包油过程中面团和油脂须具有相同的软硬度，思考“共性”对合作的重要性，感悟团队精神。
2. 通过用尺子量取面团大小及称重，感受精益求精的工匠精神。

任务描述

可颂在法语里是羊角的意思，所以它又叫羊角包，而如今，我们把直角可颂称作羊角包，而把弯角可颂称为牛角包。可颂需要开酥，这是它与其他面包的本质区别，换句话说，只要掌握了开酥，可颂就成功了一半。开酥过程分为自动化和半自动化，工业化生产中两种都有使用，对于门店来说，一般使用半自动化操作，需要技术人员熟练掌握开酥技艺。传统可颂不含馅料，但随着产品创意创新的开展，含各类馅料的可颂也层出不穷，比如加入巧克力酱、坚果酱等。

典型工作环节一

任务准备

一、微课预习

请扫码观看可颂微课，观看后请扫码完成相关预习题。

可颂微课　可颂预习题

二、原辅料准备

面团配方

序号	原料	质量/g	烘焙百分比/%	序号	原料	质量/g	烘焙百分比/%
1	高筋粉	1300	65	6	黄油	100	5
2	低筋粉	700	35	7	盐	30	1.5
3	高糖干酵母	36	1.8	8	冰水	1040	52
4	乳粉	60	3	9	片状黄油	面团质量的1/4	
5	细砂糖	200	10				

辅料表

序号	辅料	用量	序号	辅料	用量
1	鸡蛋	3个	3	镜面果胶	适量（装饰用）
2	盐	适量			

三、工器具准备

序号	工器具	设备	其他
1	方形刮板	开酥机	厨房纸巾
2	台秤	插盘式冰箱	烤盘袋
3	温度计	搅面机	食品级手套
4	刀/面包刀	醒发箱	抹布
5	擀面杖	风炉	牙签
6	直尺	厨师机	
7	不锈钢盆		

续表

序号	工器具	设备	其他
8	烤盘		
9	羊毛刷		
10	晾网		

典型工作环节二

任务实施

<table>
<tr><th>实施环节</th><th>实施步骤</th><th>实施图片</th><th>知识点/技能点</th></tr>
<tr><td rowspan="2">（一）
物料称量</td><td>1. 将所有的干性材料称在一起。
注意：酵母和盐、糖不要直接接触，要分开距离放置。</td><td></td><td rowspan="2">知识点：
使用冰水是为了控制面团的出缸温度。
技能点：
1. 可以通过调节冰块的比例来调整面团的出缸温度，冰块比例越高，面温越低。
2. 若没有冰块，则可将粉类物料提前放入冰箱中降温来达到控制面团出缸温度的目的，但效果不如冰水。</td></tr>
<tr><td>2. 湿性材料单独称量，冰水一般采用水和冰块3∶7称量，以控制面团的出缸温度。</td><td>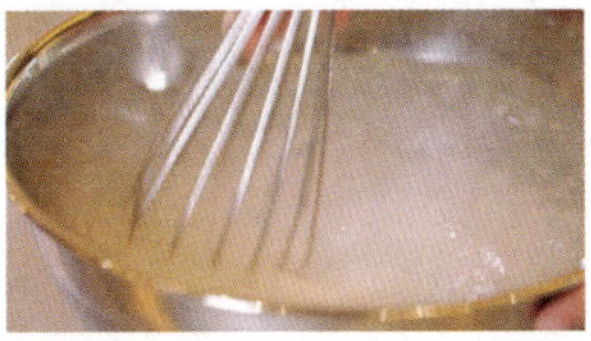</td></tr>
<tr><td rowspan="3">（二）
搅打面团</td><td>1. 干性材料先混合搅匀，加冰水，慢速搅拌成团，然后快速打至6分筋。</td><td></td><td rowspan="3">知识点：
1. 盐在面筋形成后添加可以缩短面团搅打的时间，降低面团的摩擦升温。
2. 8分筋出缸，若打至10分筋，在开酥过程中面筋仍会进一步扩展，弹性下降，影响面包体积。</td></tr>
<tr><td>2. 加盐，慢速混匀，加入黄油，慢速搅拌至吸收，再快速打至8分筋出缸。</td><td></td></tr>
<tr><td>3. 手蘸面粉，将出缸后的面团取出，此时面团温度应在22～24℃。</td><td>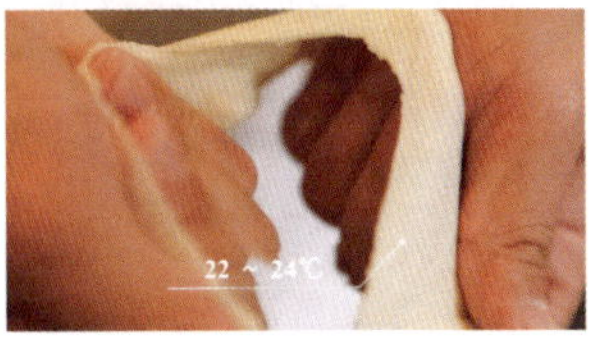</td></tr>
</table>

实施环节	实施步骤	实施图片	知识点/技能点
（三）开酥前预处理	1. 面团分割为1200g/个，搓圆后，盖上保鲜膜室温松弛10～15min，然后用开酥机将面团开成长38cm左右、宽25cm左右的长方形，冷冻至面温-5～0℃。	 	**知识点：** 1. 分割操作应迅速完成，避免面团升温。 2. 面团分割的质量与所包的油质量有关，一般面油比是4∶1。 **技能点：** 1. 如果面团温度偏高，则可取消室温下松弛的步骤，尽快密封、冷冻处理。 2. 也可以提前1天冷冻面团，第二天回温至-5～0℃。 3. 面团在压薄时一般是椭圆形，但需整理成长方形，便于后期包油及形成均匀的层次。
	2. 将1kg/片的片状黄油室温回温至8～10℃，先将宽开至20cm左右，再把长度开到60～70cm，厚度约4.5mm，随后分成等量的3份，冷藏备用。		**知识点：** 片状油的温度决定着它的软硬度，不同品牌的片状油适合开酥的温度有一定的差异。 **技能点：** 在开酥过程中，一般先开宽，再开长，避免长度虽达到要求，但宽度无法调整的情况。
（四）开酥	1. 取出面团，开至约片状油的2倍大，面团的宽稍大于片状油的长，将油放在中间，两端折叠完全盖住油。面团旋转90°，接缝线与传送带平行放置，表面撒粉，从高到低逐渐调节厚度尺寸，压至长约100cm，宽约25cm，厚度约4.5mm。	 	**技能点：** 1. 包油时，若中间没完全盖住，可以用手稍拉扯面团使其合缝，然后用后手掌将接缝处以及两端压紧。 2. 在压面过程中，撒粉不能过多，否则面和油无法紧密贴合。 3. 如果出现大气泡，需要及时处理，可用牙签扎破气泡，使面和油紧密贴合。
	2. 进行第一次4折。两端往中间折，再进行对折，面团旋转90°，逐渐调低开酥机高度压到宽22cm，长90cm，厚约0.6cm。	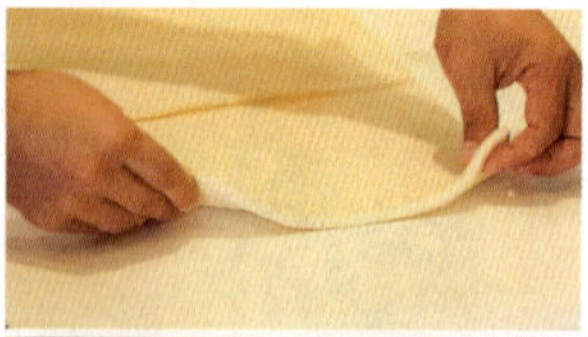 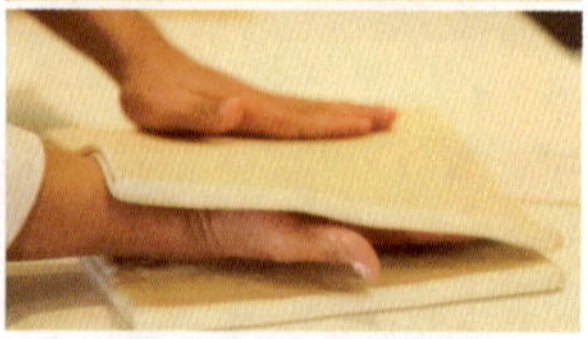	**技能点：** 1. 因为手部温度较高，面团折叠处理时应避免手部长时间接触面团导致局部升温，片状黄油熔化。 2. 开酥的过程中，要随时观察面团是否规则，若两端出现明显倾斜，可通过调整面团在传送带上的摆放角度来纠正。 3. 开酥过程中，避免压面次数过多，导致面团回软，出现两端较宽，中间窄的情况，从而导致折叠后的面团不整齐。

实施环节	实施步骤	实施图片	知识点/技能点
（四） 开酥	3. 进行第二次3折操作。将两端不规则的面团切掉，然后将面团进行3折处理。继续压薄至宽约25cm，长约38cm，随后将面团密封冷冻约30min，温度在-5～0℃。	  	**技能点：** 开酥过程中，尽量减少两端不整齐的部分，否则浪费较多。
	4. 取出面团，表面撒粉，先开宽度为28cm，再开长至100cm左右，厚度约为3.5mm，若是双色面团，厚度约为4mm。		**技能点：** 先将面团宽度先开至28cm，因为面团的宽度是切分后三角形牛角面团的高度。
（五） 分割整形	1. 台面撒粉，将面团放平，用小刀除去不规则的边缘，随后用尺子和刀分割出多个底为11cm，高为28cm的等腰三角形。	  	**技能点：** 1. 为了获得等腰三角形，一侧面团固定好间隔距离后，另一侧面团先错开固定间隔的1/2长度，再固定原来间隔。 2. 三角形的底和高可以按比例变化，以获得单个质量不同的可颂面团。 3. 分割面团时，要一次割断，保证截面层次清晰。 4. 在室温下操作分割整形，速度要快，避免面团回软，片状油脂熔化，影响整形效果。
	2. 直牛角：将底部沿中心划开3cm左右，从三角形的底边开始卷起，把新割出的两个直角分别往两边压，然后顺着两侧的面团卷起。 弯牛角：将底部沿中心划开3cm左右，把新割出的两个直角分别往两边压出两个角，然后顺着两侧的面团走向往上卷起，起初卷的时候，往两边稍搓长一些，卷起后，按照原先的弧度走向将两个角弯起。	 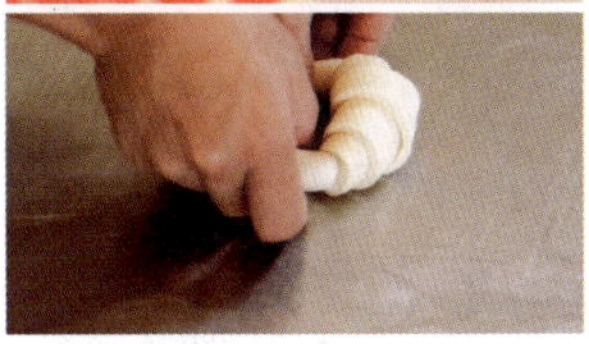	**技能点：** 1. 直牛角也可以不先划开底部，直接卷起。 2. 卷制过程中遵循先紧后松的原则。 3. 两只手往两侧用力要一致，保证牛角面包两侧对称。 4. 弯牛角的收口应放置于弧形内部。

实施环节	实施步骤	实施图片	知识点/技能点
（六） 醒发	1. 烤盘中垫烤纸，留有足够的空隙摆盘，醒发前刷一遍蛋液，蛋液组成为：2个蛋黄+1个全蛋+蛋液质量0.5%的盐。醒发温度为30℃，湿度80%。醒发至体积2～3倍大，时间约为2.5h。通过面团状态判断醒发终点，用手轻轻按压，面团没有紧绷感，并且能迅速回弹为佳。	  	**知识点：** 蛋液中蛋黄比例较高，是为了更好地上色；蛋液中加少量盐是为了降低蛋液的黏稠度，便于刷蛋。 **技能点：** 1. 摆盘时将可颂面团接口压在面团下方，用手轻轻按压面团顶部固定面团，使其不会因为底部滚动造成造型失败。 2. 刷蛋液时，用力要轻，蛋液要薄；双色牛角不要刷蛋液，直接烘烤，否则红色将被蛋液上色而掩盖。
	2. 醒发完成后，按照上述方法再刷一次蛋液。		
（七） 烘烤	用风炉烘烤，175℃，喷蒸汽2s，时间为15～16min。终点结合上色判断，表面颜色以浅褐色为佳。		**知识点：** 风炉烘烤能够产生更加酥脆的外皮。喷蒸汽能够让面包表皮更容易膨胀以及形成更薄的外壳。 **技能点：** 烘烤初期，面团体积仍会增大，此阶段不要打开炉门。
（八） 冷却	将面包连同烤盘放置在晾网上冷却。		**技能点：** 双色牛角出炉后，在表面红色部分刷一层镜面果胶，提升面包的亮度。

典型工作环节三

问题反思及产品评价

一、常见问题及原因

1．可颂外观层次不清晰或截面没有规则的蜂窝结构

可颂外观层次不清晰或截面没有规则的蜂窝结构的主要原因：（1）片状黄油的比例较低，难以产生层次；（2）面团与片状黄油的软硬度不匹配，开酥时难以形成均匀的层次；（3）操作过程中环境温度较高，导致油脂熔化，从而影响面包结构；（4）整形时没有切除不规则的侧边，面包中心部分层次不明显，无法形成蜂窝结构；（5）发酵温度过高，导致油脂在发酵过程中熔化流出，影响面包层次。

2．可颂上色浅

可颂上色浅的主要原因：（1）没有使用正确的蛋液配方；（2）蛋液没有搅打均匀；（3）刷蛋液次数不够；（4）烘烤的时间不够，风炉中隔着玻璃面板开灯观察时，看到的产品颜色偏深，容易出现提前取出的错误判断；（5）面团发酵不足，影响上色；（6）面团中糖的比例偏低，使得上色较浅。

3．可颂体积小

可颂体积小的主要原因：（1）面团软硬度控制不当，导致面团在压延的过程中出现断裂，影响后续发酵，从而影响体积；（2）面团搅打不足或过度，搅打不足，面团弹性大，不利于面团膨胀，搅打过度，弹性降低，影响面团持气能力，导致面包体积较小；（3）醒发时间不够，醒发终点判断错误或不愿等待而提前取出，导致体积小。

4．烘烤后烤盘中有较多油脂聚集

烘烤后烤盘中有较多油脂聚集就是在烘烤过程中出现漏油，主要原因：（1）使用的片状黄油的含油量非常高，比如99%含油量的片状黄油，就容易在烘烤时漏油；（2）开酥过程中油脂和面团的延展性不一致，导致面团中油脂分布不均，油脂较多的部分在烘烤过程中容易流出；（3）发酵温度过高，导致油脂在发酵过程中熔化流出。

二、感官评价

序号	指标	情况描述	分值范围	得分
1	外观（40分）	颜色呈浅褐色、光泽度好，面包两侧对称，形状保持完好，体积饱满、侧面层次明显，无明显掉皮和皱缩	25 ~ 30	
		颜色呈深褐色或浅黄色，光泽度一般，面包两侧不太对称，体积不够饱满，侧面层次不明显，表面有皱缩，但仍能体现产品的基本要求	15 ~ 25	
		侧面几乎看不到层次，体积不饱满且卷制重叠处有明显的空隙，面包看不出牛角或羊角形状，表面有明显掉皮和皱缩	5 ~ 15	
2	质构（30分）	切开后，要具有规则的蜂窝状结构	35 ~ 40	
		切开后，能够看得到整体呈蜂窝状结构，但局部有粘连，不规则	25 ~ 35	
		切开后，几乎看不到蜂窝状结构，存在较大孔洞	10 ~ 25	
3	口感（30分）	具有外酥里嫩的口感，黄油香气和可颂表面的焦香味诱人	25 ~ 30	
		外表面口感偏硬，中心的大部分能保持香嫩口感	15 ~ 25	
		外表面有明显外壳，口感较硬，中心部分成团，口感软黏	5 ~ 15	

典型工作环节四

课后巩固与拓展

一、巩固练习

1. 为什么要使用冰水搅打面团?
2. 可颂面团为什么只打至8分筋?
3. 面团搅打过程中盐为什么后加?
4. 可颂的发酵和甜面包的二次发酵有什么区别?

5．请说明使用风炉和层炉烘烤可颂存在哪些差异。

6．请谈一谈开酥及整形过程中的哪些环节会对可颂面包的组织结构产生影响。

二、拓展资源

请扫码观看花色丹麦系列微课。

花色丹麦微课1　花色丹麦微课2

起酥面包是很有特色的一类面包，其中可颂是起酥面包中最有代表性的产品，也是各类烘焙大赛的考核项目之一。在第二届全国技能大赛烘焙项目中，要求制作24个弯牛角，每个质量为（70±3）g，大小形状一致并不得使用任何烘烤后装饰。对起酥面包来说，折叠的次数越多，外观层次越细密，口感越酥松，而折叠的次数越少，油层越厚，组织蜂窝状越明显，所以折叠次数需要适中，一般采用一次4折一次3折或者2次3折。

起酥面包刚出炉时，表面非常酥脆，容易受外力影响而破碎，因此不能采用先烘烤再冷冻的工艺。随着生产设备的升级，起酥面包已实现全程自动化生产，生产线自带冷冻系统，在下一次面团压延之前已在传送过程中完成面团的降温、松弛。在生产中，整形之后即对产品进行速冻、包装、冷冻储存，随后通过冷链物流运输，需要制作成品时先进行解冻，再二次发酵，最后进行烘烤。起酥类面包因其层次丰富、香味浓郁、口感酥松，越来越受到消费者的欢迎，市面上的品种也越来越多，尤其是丹麦面包，可以从造型、馅料等方面对其进行产品创新。

实训任务六　加工软欧包

任务目标

知识目标

1. 掌握延缓面包老化的2种具体方法。
2. 理解软欧包与甜面包配方的差异。

软欧包成品图

能力目标

1. 能对较大面团进行搓圆及整形操作。
2. 能判断面团二次发酵终点。
3. 能评价软欧包成品的感官品质并分析出现的问题。

素质目标

1. 通过学习企业软欧包的研发案例，感受创新精神。
2. 通过教师各环节的操作示范，体悟工匠精神。

任务描述

软欧包兼具甜面包和欧包的部分特性，既质地柔软，又具有浓郁的面香味。配方上采用低糖低油脂，结合使用两种或两种以上的酵种，发酵工艺上采用较长时间的一次发酵，从而形成更多的风味物质。理论上，软欧包是更加健康的选择，但市场上的软欧包绝大多数含有馅料，这是为了迎合消费者的喜好。软欧包售价较高，新品层出不穷，涉及的物料种类非常多，各种前处理和酵种制作使得其生产过程比其他面包烦琐。

典型工作环节一

任务准备

一、微课预习

请扫码观看抹茶蔓越莓软欧包微课，观看后请扫码完成相关预习题。

抹茶蔓越莓软欧包微课　　软欧包预习题

二、原辅料准备

面团配方

序号	原料	质量/g	烘焙百分比/%	序号	原料	质量/g	烘焙百分比/%
1	高筋粉	1000	100	7	盐	10	1
2	隔夜酵种	400	40	8	冰水	630	63
3	烫种	120	12	9	高糖干酵母	8	0.8
4	细砂糖	80	8	10	黄油	40	4
5	海藻糖	40	4	11	蔓越莓干	400	40
6	抹茶粉	25	2.5	12	朗姆酒	400	用于浸泡蔓越莓干

隔夜酵种配方

序号	原料	质量/g	序号	原料	质量/g
1	高筋粉	250	3	高糖干酵母	1
2	水	250			

烫种配方

序号	原料	质量/g	序号	原料	质量/g
1	吐司粉	250	3	细砂糖	25
2	开水	225	4	盐	2.5

三、工器具准备

序号	工器具	设备	其他
1	方形刮板	制冰机	厨房纸巾
2	台秤	插盘式冰箱	食品级手套
3	温度计	搅面机	抹布
4	刀/面包刀/割包刀	醒发箱	纱布
5	擀面杖	层炉	保鲜膜
6	面团发酵箱		裱花袋
7	不锈钢盆		
8	烤盘		
9	粉筛		

典型工作环节二

任务实施

实施环节	实施步骤	实施图片	知识点/技能点
（一） 预处理	1. 烫种：将水加热至沸腾，倒入干性材料中，先初步混匀，再用手揉至均匀无颗粒的状态。贴面盖上保鲜膜，放入冰箱冷藏隔夜。 2. 隔夜酵种：将干湿性材料一起混合，混匀至无面粉颗粒，高糖干酵母完全溶解。盖上保鲜膜，室温下放置2h，然后放入冰箱冷藏。 3. 蔓越莓干用朗姆酒浸泡，盖上保鲜膜，常温放置12h。		**知识点：** 1. 淀粉遇到90℃以上的热水，会发生比较明显的糊化，但不彻底，预糊化后的淀粉有较强的吸水能力，可以起到延缓面包老化的作用。 2. 隔夜酵种含有酵母，主要目的是发酵产生风味，这和烫种添加的目的有显著区别。 3. 制作隔夜酵种时，室温放置的时长和面团大小有关，面团体积越大，放置于室温发酵的时间要适当缩短。

实施环节	实施步骤	实施图片	知识点/技能点
（二）物料称量	1. 将所有的干性材料称在一起。 **注意：** 酵母和盐、糖不要直接接触，要分开距离放置。		**知识点：** 1. 抹茶粉吸湿性较强，称量时可先称抹茶粉，再称面粉，让面粉覆盖住抹茶粉。 2. 海藻糖是甜度较低的二糖，具有很强的吸水能力，添加海藻糖能够起到延缓面包老化的作用。 3. 乙醇会抑制酵母的发酵，抑制能力与酒精度有关。蔓越莓中的朗姆酒需要挤干，一方面是因为乙醇，另一方面是因为带入的水分影响配方。
	2. 湿性材料各自称量，冰水一般采用水和冰块1∶1称量，以控制面团的出缸温度。黄油和蔓越莓干单独称量，蔓越莓干称量前采用纱布将朗姆酒挤干，稍切碎。	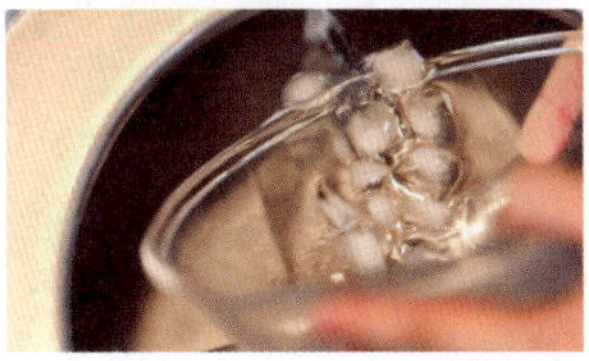	
（三）搅打面团	1. 将除黄油、蔓越莓以外的干湿性材料逐个放入搅面机中，包括烫种和隔夜酵种，慢速搅打，成团以后，换快速搅打至5分筋。		**技能点：** 1. 9分筋是撑开面团可以呈半透明薄膜，断裂处仍有锯齿状。5分筋判断见甜面包实训，因为抹茶粉对面团的面筋有破坏作用，所以在5分筋的时候加入黄油，避免面团搅拌过度导致面筋弹性降低。 2. 有些软欧包配方会添加老面，老面面团中的气体需要提前除去，再添加至主面团搅打，避免因气体存在导致面团之间的融合度不好。 3. 此面团黏度较大，出缸后往中间收，使光面在上即可，不用收成圆形。
	2. 调慢速，加入黄油，慢速搅打充分吸收后，改高速搅打至9分筋，调慢速，倒入蔓越莓干，慢速搅拌使果干分布均匀，出缸。		
	3. 手蘸面粉，将出缸后的面团光面朝上，糙面朝下，放置于面箱中，此时面团温度应在24～26℃。		
（四）室温一次发酵	室温保持在26℃，温度过高或过低需要缩短或延长一次发酵时间。一次发酵完成的判断方法是手指蘸高筋粉，快速在面团上戳洞，洞口有浅浅的回缩表示一次发酵已完成。		**知识点：** 软欧包一次发酵的目的是增加面团发酵的面香味。因此一次发酵时间较长。如果室温较低，会需要90min甚至更长的一次发酵时间。 **技能点：** 快速戳洞后，如果面团快速回弹，说明一次发酵未完成；如果面团完全不回缩，说明一次发酵过度。

实施环节	实施步骤	实施图片	知识点/技能点
（五）分割搓圆	1. 分割面团为200g/个，搓圆。		**知识点：** 面团分割时，最好第一次切分就接近目标质量，然后再微调。比如200g面团，180+10+10的组合要好于50+50+50+50。
	2. 放在面团发酵箱中盖上盖子，静置松弛20min。		**技能点：** 大面团采用双手搓圆，方法与小面团一样，注意两只手之间的力度配合。
（六）整形	橄榄形：取出面团，排气、压扁，擀成长牛舌，翻面，将下方粘在操作台上，从上往下卷起，卷的时候用除大拇指以外的手指控制，每卷1次，手指向中间用力，使得中间粗，两端细，卷起后光面朝上，将面团稍向两端搓长，搓成长橄榄形。		**技能点：** 1. 擀牛舌状面团时，要从中间开始，往两端均匀用力擀开，保持两端完整，保持面团厚度一致。 2. 此面团非常柔软，整形时要注意及时撒薄粉，手部动作要迅速，防止面团粘连。 3. 软欧包还可以整成其他形状，比如三股辫、三角形、S形等，整形时要注意两手均匀用力，注意产品形状对称。
（七）醒发装饰	1. 置于醒发箱进行二次发酵，温度30℃，湿度80%。体积发至约1.7倍大，时间约为50min。		**知识点：** 1. 软欧包的二次发酵时间要比甜面包短一些，这与欧包相似，需要面团内部保留有一定的气压，在烘烤过程中能够通过割包的部位产生美观的裂纹。 2. 软欧包在二次发酵过程中体积增加的倍数不如甜面包，这是因为配方中柔性材料较少。
	2. 取出后先筛一层薄薄的高筋粉，然后用割包刀在面包表面沿中心线割包，割包时刀与面包呈45°，用刀尖部下刀，并且要有足够的深度。		**技能点：** 割包时下刀要快，要准，如果下刀太慢，刀片容易被面团粘住，如果深度不够，烤出来的面包不会有明显的裂口。

实施环节	实施步骤	实施图片	知识点/技能点
（七）醒发装饰	3. 将软化好的黄油装入裱花袋，裱花袋剪小口，在割包处挤上一条黄油。		**技能点：** 挤黄油的目的是在烘烤过程中，油脂使切口处的面团保持湿润，当面团受热膨胀后，更容易沿切口处膨胀，使得最终成品更加立体、有形。
（八）烘烤	用带石板蒸汽的层炉烘烤，上火200℃，下火180℃，放入后立即喷蒸汽2s，烘烤时间大约14min。		**知识点：** 1. 天然抹茶粉受到高温易褪色，这是正常现象，为了减少表面产生焦糖色导致抹茶色不明显，在面包快要接近烘烤终点时，密切关注上色情况，及时取出。 2. 喷蒸汽会使面团表面保持湿润，有利于面团膨胀。
（九）冷却	取出后从约20cm高处振盘1次，去除高热，置于烤架上冷却。		**知识点：** 最终产品的颜色与抹茶粉的种类有关。

典型工作环节三

问题反思及产品评价

一、常见问题及原因

1．面包腰部皱褶

面包腰部出现皱褶的主要原因：（1）烘烤不足，烘烤时间不够或者烘烤温度偏低，面包没有完全熟透；（2）面团发酵过度，导致持气能力下降，烘烤后面筋支撑不了面包的整体结构；（3）面包的冷却方式不当，出炉后面包受到直接吹风，或者环境封闭，热量未能及时散出；（4）出炉后未及时振盘去除高热。

2．含馅料软欧面包馅料部分出现空心

含馅料的软欧包出现空心一般是因为馅料含水量过大，在烘烤过程中，产生较大的蒸汽

压，从而产生空心。

3．面包老化较快

糖和油脂能够润滑面筋，且能够结合一定比例的水分，阻止这部分水从淀粉中往外迁移，从而延缓老化。但软欧包是低糖低油脂，因此老化较快。可以通过以下几种方法延缓老化：（1）添加适量比例的烫种；（2）添加持水能力强的物质，比如海藻糖、山梨糖醇等；（3）添加面包改良剂；（4）冷却后及时包装，避免水分流失；（5）将面包置于合适的温度下贮藏。冷藏温度是面包老化速度最快的温度，如果短时间贮藏，放置于室温即可，如果较长时间贮藏，可放置于冷冻室贮藏。

4．面包粘牙

面包粘牙的主要原因：（1）面包烘烤时间不够，导致面包中心部分没有完全熟透；（2）面团含水量过大，含水量过大使得面团黏度较大，发酵产生的气体不足以撑开黏度较大的面团，容易导致面包粘牙；（3）烫种比例过大，烫种是预糊化后的淀粉，这些淀粉吸水能力很强，比例过大容易导致烘烤过程中面包水分迁移不足，从而导致粘牙；（4）馅料含水量过大，面团二次发酵及烘烤过程中水分迁移至面团中，导致粘牙。

二、感官评价

序号	指标	情况描述	分值范围	得分
1	外观（40分）	裂口处立体、美观，外形饱满、均匀，表面颜色为浅棕色混合灰绿色，割包处为灰绿色	35 ~ 40	
		有裂口，但不够立体，外观对称性不足、比较扁塌，但仍能基本体现产品要求的形状，颜色为深棕色混合灰绿色	25 ~ 35	
		裂口处几乎看不出立体感，外形基本看不出橄榄形状，产品扁塌明显，表面颜色很深，看不出有灰绿色存在	10 ~ 25	
2	质构（30分）	面包组织状态均匀、柔软，截面气孔均匀，具有一定的弹性	25 ~ 30	
		面包组织状态比较均匀，柔软程度不足，截面气孔不均匀，稍有弹性	15 ~ 25	
		面包组织状态不均匀，硬度较大，截面气孔不明显，几乎没有弹性	5 ~ 15	

续表

序号	指标	情况描述	分值范围	得分
		面包具有浓郁的茶香和发酵面香，且具有蔓越莓的酸甜，表面的外皮有嚼劲，中间的面包柔软、有弹性，形成了良好的口感层次	25～30	
3	口感（30分）	面包有一定程度的茶香和发酵面香，也具有蔓越莓的酸甜，但外皮口感过硬，内部口感比较粗糙	15～25	
		虽然还保留有抹茶的清香和蔓越莓的酸甜，但面包的发酵面香不明显，口感粗糙、硬度大，或面包中心发黏	5～15	

典型工作环节四
课后巩固与拓展

一、巩固练习

1. 延缓面包老化有哪些方法？试举例说明。
2. 一次发酵法制作的面包和二次及多次发酵法制作的面包有什么区别？
3. 请分析软欧包与甜面包的一次发酵、二次发酵各有什么不同。
4. 烘烤时喷蒸汽的目的是什么？
5. 如果你来研发一款新的软欧包产品，你会考虑从哪些地方着手？

二、拓展资源

请扫码观看榴莲软欧包和伯爵奶酥软欧包微课。

榴莲软欧包微课

伯爵奶酥软欧包微课

亚洲地区常见的面包含糖、含油一般都在10%以上，而欧洲的主食面包一般不含糖和油脂。软欧包既具有甜面包的柔软，又具有欧式面包低油低糖的特性，既满足了消费者对面包口感的要求，又顺应了消费者对健康饮食的追求。软欧包一般体积较大，二次发酵法生产居多，主要是为了使面包更柔软、更具有发酵的面香味。

我国地大物博，各地区食材丰富且极具特色，面包产品的创新也是层出不穷，比如成都地区的麻辣兔丁、麻辣香肠面包，山东地区的墨鱼汁面包，广东地区的火龙果面包、桂圆面包，湖北地区的桂花莲子面包等。软欧包的产品创新可以从以下几个方面着手：首先是干性材料，可以添加全麦粉、黑麦粉、荞麦粉、青稞粉等来丰富面包的口感，提升面包的营养价值；其次是湿性材料，可以添加果蔬汁来搅打面团；再次是辅料，可添加坚果和果干来丰富面团的组成，比如核桃、榛子、蔓越莓干、蓝莓干等。面团部分确定之后，根据面团的用料来搭配合适的馅料。

模块二

西式糕点加工

学习目标

知识目标

1. 掌握蛋的起泡性及其影响因素；掌握蛋糕加工工艺流程；掌握不同的蛋糕面糊调制流程；掌握烘烤温度对蛋糕的品质影响；掌握蛋糕膨胀的原理；掌握蛋糕配方平衡的原理。
2. 熟悉各类蛋糕的特点；熟悉乳的分类、稀奶油的种类及特性；熟悉糖的分类及各自特点；熟悉膨松剂的种类及特性。
3. 了解蛋糕产品的分类；了解巧克力的使用特点；了解蛋糕的装饰方法。

技能目标

1. 能将常见的蛋糕产品进行区分；能对常见的稀奶油进行区分；能根据产品需求选择合适的原料。
2. 能根据配方确定面糊调制流程；能根据配方平衡原理分析产品配方的合理性。

素质目标

1. 通过了解淡奶油喜好度测评的案例，对比预设情况与真实结果之间的差异，培养明辨思维，树立科学精神。
2. 通过了解企业蛋糕新产品的研发案例，理解理论知识对实操的指导作用，树立创新理念。

必备知识

一、蛋糕的分类及主要原料

1. 蛋糕的分类

蛋糕是以蛋、糖、面粉和油脂为主要原料，通过搅拌的机械作用或膨松剂的化学作用而制得的松软可口的烘焙制品。蛋糕的种类丰富，尤其是搭配淡奶油、蛋乳酱、水果等装饰，更让人目不暇接。按蛋糕的使用原料、搅拌方法、面糊性质及膨发途径的不同，可将蛋糕分为以下几类。

（1）面糊类 面糊类蛋糕的油脂用量很大，油脂用量决定了是否加入以及加入多少化学膨松剂。面糊类蛋糕的膨发主要是通过油脂在搅拌过程中结合拌入的空气。比较典型的产品是磅蛋糕，又称作重油蛋糕。面糊类蛋糕有如下特点：

①油脂含量高，可以润滑面糊，产生柔软的组织。

②通过油脂的搅拌过程混入空气，使蛋糕体积膨大。

③可加入泡打粉等化学膨松剂，在烘烤时产生二氧化碳气体，使蛋糕的体积膨大。

纸杯蛋糕属于哪一类蛋糕呢？相信很多人都有此疑问。事实上它只是用杯子外形的金属或纸托来作为模具制成的蛋糕的统称，并不算作一个类别。纸杯蛋糕可以采用各类蛋糕配方，但需要注意的是，如果想在蛋糕上做各种装饰，尤其是奶油霜、豆沙霜裱花或巧克力装饰等，最好采用重油蛋糕的配方来制作，这样蛋糕才能支撑起装饰物的重量。

（2）乳沫类 乳沫类蛋糕的主要原料依次为蛋、糖、面粉，其膨发主要靠蛋在搅打过程中与空气融合发泡。根据蛋的用料不同，又可将乳沫类蛋糕分为海绵蛋糕和天使蛋糕，前者使用全蛋，后者只使用蛋清。乳沫类蛋糕有如下特点：

①利用鸡蛋的起泡性拌入大量空气，使蛋糕体积膨大。当蛋的用量较少时需要增加化学膨松剂以帮助面糊起发。

②不加固体油脂。海绵类蛋糕一般使用全蛋打发（全蛋法）或者使用蛋黄加全蛋一起打发。海绵蛋糕的韧性较大，可加入一些流质油减小蛋糕的韧性，比如添加色拉油或熔化后的黄油，但添加量不能过高，否则蛋糕体积会缩小。

天使蛋糕完全依靠蛋清的起泡性拌入空气而膨胀，不含任何油脂成分。

（3）戚风类 戚风类蛋糕是结合了上述两种制作方法而成的：蛋清、糖和酸性材料按乳沫类方法打发，其余干性原料、流质原料与蛋黄则按面糊类方法搅拌，最后把二者混合即可。

换句话说，戚风蛋糕是分蛋法蛋糕，蛋清和蛋黄分别进行不同处理，最后将蛋清蛋黄部分混合。戚风蛋糕有如下特点：

①兼具面糊类和乳沫类蛋糕的优点，组织蓬松细腻。

②使用液态油脂，分散性强，不易干硬。

目前戚风蛋糕最常被用作生日蛋糕的底坯，海绵蛋糕也可以作为生日蛋糕的底坯，应根据市场需求和消费者口味进行配方选择。此外，可以采用物料替换的方法加工其他口味的戚风蛋糕，比如用适量的可可粉、抹茶粉替换等量的面粉，便可制得巧克力戚风蛋糕和抹茶戚风蛋糕。

（4）低温类　在传统的蛋糕分类中并没有低温类，但随着蛋糕品类的不断丰富，便将在加工中需要低温工艺或者产品需要低温保存的，又或者两者兼有的产品称为低温类。低温类中很多产品其实已经不再属于蛋糕的范畴，而属于西点的范畴，常见的品种有乳酪蛋糕、慕斯蛋糕、提拉米苏等。

乳酪蛋糕是指配方中加入乳酪做成的蛋糕，一般使用的是奶油奶酪（Cream cheese）。根据加工特点，奶油奶酪可分为轻乳酪、重乳酪和冻乳酪。轻乳酪，顾名思义，其乳酪含量较低，蛋糕的膨发依靠蛋清的起泡性，因此轻乳酪蛋糕口感绵软。重乳酪蛋糕含乳酪量较高，一般不含面粉，有时为了凝结会使用淀粉，蛋糕的膨发较小，口感细腻紧密。冻乳酪蛋糕也不含面粉，并且添加明胶等胶凝剂，无需烘烤，低温成型即可。

慕斯是一类低温甜点，依靠打发蛋清或打发奶油，或者两者兼有来实现轻盈的口感。慕斯指的是慕斯蛋糕中需要低温成型的部分，然而目前大部分慕斯类产品都是慕斯和蛋糕或者慕斯和饼干的结合。在慕斯制作过程中，如果采用打发蛋清的工艺，则一般需要用高温糖浆来打发，因为这样可以起到杀菌的作用。提拉米苏制作时同样需要高温糖浆打发蛋清，所以从工艺上来说，提拉米苏和慕斯很相似；但因为提拉米苏太受欢迎，并且有专用的乳酪，所以常单独作为一类。马斯卡彭奶酪是制作提拉米苏的专用乳酪，相比其他奶油奶酪，马斯卡彭奶酪更加细腻柔软，乳酪浆过滤的时候几乎看不到颗粒。但如果只关注产品是否成型，其他的奶油奶酪也可以使用。

2. 蛋糕的主要原料

面粉是面包中最主要的材料，而对于西式糕点来说，蛋和糖的用量常高于面粉的用量。另外，在蛋糕加工中，牛乳的使用量非常大，在绝大部分蛋糕配方中，几乎看不到水的存在，取而代之的是牛乳；此外，稀奶油是一种非常好用又受欢迎的蛋糕装饰原料。因此，乳也是蛋糕加工中的重要原料之一。

（1）蛋　鸡蛋的平均质量为50～60g，其中蛋壳约占10%，蛋黄约占30%，蛋清约占60%。当配方中只给出鸡蛋质量时，一般指的是全蛋液的质量。鸡蛋较大的一端有一个气室，气室越大表明蛋越不新鲜。蛋黄中含有大量的脂肪和蛋白质（表2-1），并且含有铁及其他矿物质。由于鸡所食用的饲料不同，蛋黄呈现出淡黄色到暗黄色的各种不同颜色。清蛋白是蛋清中主要的蛋白质，含量约占蛋白质总量的54%。

表2-1　鸡蛋可食部分的化学组成

可食部分	水分/%	蛋白质/%	脂肪/%	灰分/%
全蛋	73.0	13.3	11.5	1.0
蛋清	88.0	10.4	—	0.7
蛋黄	49.0	17.0	32.0	1.1

蛋清具有很强的起泡性。起泡性也称打发性，是指将蛋清激烈搅拌后可形成大量包含空气的稳定泡沫的性质，这也是乳沫类和戚风类蛋糕膨发的原因。蛋清的表面张力较小，容易被外力扩展成薄膜。薄膜的产生可能是由于在机械力搅拌下，缠绕折叠成团的多肽链被拉伸，引起蛋白质变性。在气液界面上的蛋白质分子受到不平衡力的作用，使得被拉开的肽链排列成与表面平行的状态，这些与表面平行的多肽链就组成了薄膜。薄膜包住空气，由于蛋清黏度较大，能形成稳定的气泡。实际上，蛋清一般都会和糖一起打发，所以黏度会增加，进一步提高了气泡的稳定性。

鸡蛋蛋清的起泡性最好，其次是全蛋，最差的是蛋黄。在戚风蛋糕的加工过程中，有一个关键点是蛋清中不能混有蛋黄，否则蛋黄中的油脂会明显降低起泡性甚至导致无法起泡。全蛋法海绵蛋糕就是利用全蛋的起泡性来膨发的，正因为全蛋的起泡性弱于蛋清，所以全蛋海绵蛋糕的松软程度弱于戚风蛋糕。虽然蛋黄起泡性差，但经过长时间搅拌，最后可形成比较稳定的稀奶油状蛋糊。制作卡仕达酱就是一个典型应用，需要将全蛋和蛋黄一起搅打至疏松浓稠状。这个步骤在很多资料中被表达成搅匀，但只搅匀是无法形成稳定蛋糊的，因此做出的卡仕达酱的品质自然也就达不到要求。

总结来说，影响起泡性的因素有以下几点：

①温度。蛋清打发一般是将鸡蛋从冷藏室取出，分蛋后直接打发，而全蛋一般在室温打发。蛋清的打发温度偏高一些，起泡性更好；打发温度低一些，则稳定性更好。有研究表明最适合的蛋清打发温度为20℃左右。

②糖。糖会使黏度增大，起泡性变差，导致打发时间较长，但糖会让泡沫更稳定，所以在打发时糖是分次加入的。

③pH。研究表明，pH较低时泡沫形成的时间长，但比较稳定。所以在制作戚风蛋糕时，蛋清打发过程加入了塔塔粉（酒石酸氢钾），降低了pH，从而使泡沫更加稳定。塔塔粉对泡沫

稳定性的提升效果优于柠檬酸和醋酸。

④稀蛋清和稠蛋清的比例。在新鲜鸡蛋中，稀蛋清和稠蛋清的比例约为4：6。在贮藏过程中，稀蛋清的比例随着pH的上升而增加。稀蛋清越多，起泡性越好，这是因为稀蛋清的表面张力较小。稠蛋清越多，尽管打发性变差，但稳定性更好。

蛋的打发是一个持续变化的过程。以蛋清打发为例，打发过程往往被分为三个阶段：湿性发泡阶段、中性发泡阶段和干性发泡阶段。每个阶段都有各自的判断标准。此外，还可以将打发好的蛋清倒入一定体积的器皿中，称重，计算出密度，再和标准密度范围进行比较，在标准范围内就说明打发完成。除了上述的阶段标准，也有其他的判断方法。比如观察蛋清四周的光泽度以及搅打的纹路，或者感受搅打头下压蛋清的阻力大小，这需要丰富的实操经验作为基础。蛋清的打发是不可逆的过程，如果打发程度超过了目标状态，就需要重新来过。

在后文的实训任务中，有两种蛋清的打发工艺，一种是常温下分次加糖进行打发，另一种是用高温糖浆冲入蛋清进行打发，后者被称为制作意式蛋白霜，常在西点中使用。制作意式蛋白霜时，糖浆的温度需要煮至117～121℃，为什么需要用高温糖浆打发蛋清呢？可以从以下两个方面进行解释。

首先是糖浆温度、糖浆浓度和糖浆黏度之间的关系。随着糖浓度的增大，糖水溶液的沸点升高。纯水沸点是100℃，稀糖水溶液（非饱和）沸点为104℃左右。糖液的温度越高，说明糖液中糖含量越高，相对应糖浆的黏度也就越大。

其次是糖浆与蛋白霜的混合。糖浆要有一定黏度才能起到稳定蛋白霜的作用，主要与糖浆中的糖浓度有关。如果糖浓度太低（糖液温度太低），则黏度不足，从而导致糖液与蛋白泡沫混合时不易停留且分散到泡沫周围，很容易下滑、汇聚到蛋白霜下方，无法起到分散稳定的作用。如果糖浓度太高（糖液温度过高），则糖液黏度过大，糖液不易均匀分散到蛋白霜泡沫周围，同样也起不到很好的稳定作用。117～121℃的糖液，其黏度最适合与蛋白霜均匀混合。

蛋还具有热凝固性，鸡蛋蛋清开始凝固的温度约为60℃，超过80℃蛋清彻底固化；蛋黄开始凝固的温度约为65℃，70℃会迅速凝固。温度是影响鸡蛋凝结变性的主要因素，但如果在受热过程中将蛋急速搅动可以阻止变性。典型的例子是制作卡仕达酱，将煮沸的牛乳倒入鸡蛋淀粉糊时，必须边倒边急速搅动。如果蛋液中加入水使其蛋白质浓度降低，蛋白质的变性温度则会升高。pH也影响蛋清的凝固性，在蛋清等电点附近时，热凝固最快。在蛋液中加入食盐等无机盐，或加入高浓度的砂糖，都会使热凝固变慢。

一般来说，规模较小的手工烘焙使用新鲜鸡蛋居多，而工厂则常使用巴氏杀菌的蛋液，方便使用的同时降低食品安全风险。巴氏杀菌的蛋液包括蛋清液、蛋黄液和全蛋液，分类使用有利于提升利用率，避免浪费。

（2）乳　在面包模块介绍了面包加工中使用较多的鲜牛乳和乳粉，在本模块将着重介绍西式糕点中使用较多的稀奶油、酸乳和乳酪。

①稀奶油（Cream）。是牛乳中的脂肪，乳脂肪的密度约为0.94g/cm^3，将新鲜牛乳静置一段时间，其中的脂肪会因密度较小而上浮。根据该原理，将牛乳进行离心分离操作，会将乳脂肪和其他部分分开，从而得到一种水包油型（O/W型）的乳状液。奶油是以稀奶油为原料加工而成的，其加工过程为：将稀奶油进行机械搅打，破坏乳脂肪的脂肪膜而形成脂肪团粒，分离出液体部分，然后将脂肪团粒压块成团，挤去液体部分，即可得到奶油。奶油的乳化状态为油包水型（W/O型）。

稀奶油可以制成多种产品，比如咖啡饮料用稀奶油、搅打稀奶油、重奶油等。咖啡饮料用稀奶油的乳脂含量为16%～20%，这种奶油一般不用于西式糕点的制作。搅打稀奶油的乳脂含量为30%～40%，在西式糕点加工中最为常用，用于蛋糕夹层、蛋糕装饰和低温蛋糕的加工。搅打稀奶油按贮藏温度可分为冷藏型、冷冻型和常温型三大类。冷藏型主要为传统稀奶油，以脱脂乳生产中富含黄油的副产物为原料制得，含脂肪30%～40%，产品需全程冷链。冷冻型主要以植物油为油基，含油15%～20%，通过调配蛋白粉、糖等制成，可长距离运输且保质期较长，但仍需全程冷链。常温型主要以牛乳蛋白（粉）、黄油、复合添加剂为原料调制而成，既不受限于奶源地，也可满足缺乏冷链运输地区的市场需求。

案例2-1 将3款冷冻型稀奶油（植物油基）和3款冷藏型稀奶油（传统稀奶油）进行搅打，称取奶油量相同，均为150g，搅打设备和速度均一致，搅打至可以在打发棒上形成坚挺的山峰状形态，并记录所需的时间以及起泡率（表2-2）。

表2-2 6款稀奶油的打发时间及起泡率

性质	冷冻型（植物）稀奶油			冷藏型（动物）稀奶油		
	1	2	3	1	2	3
打发时间/s	118	130	137	220	210	290
起泡率/%	256	258	262	110	115	150

冷藏型稀奶油的打发时间一般比冷冻型稀奶油长，而起泡率一般比冷冻型稀奶油低。在口感上，动物稀奶油具有天然乳香，风味自然，植物稀奶油会在口腔中产生油腻感。这是因为后者需要进行人工调香，风味比较浓郁。有一类稀奶油产品是传统稀奶油和植物油基稀奶油混合而成，这样的产品理论上会兼具动物稀奶油和植物稀奶油的特点。

案例2-2 将四种搅打稀奶油（2款冷冻型、1款冷藏型和1款混合型）搅打至7成发，分别用于原味戚风蛋糕坯的夹层，其稀奶油用量、蛋糕切块大小等均一致，由14位志愿者组成评价小组对四种淡奶油蛋糕进行喜好度排序。2款冷冻型、1款冷藏型和1款混合型分别编号A、B、C、D。

结果显示，14位品评员中有13位最喜欢A，采用Friedman秩和检验对结果进行显著性分析，发现A最受欢迎，B、C和D之间没有显著性差异。这说明从喜好度来说，动物奶油并不具有优势，消费者品尝奶油时，在同等甜度下更注重奶油的风味和口感。

②酸乳（Yogurt）。是以生牛乳或乳粉为原料，经杀菌后接种嗜热链球菌和保加利亚乳杆菌发酵制成的产品。酸乳分为凝固型和搅拌型两种，一般凝固型在烘焙中使用较多。酸乳是发酵产品，具有独特的风味，常被用于西式糕点的馅料制作或装饰，比如乳酪蛋糕中常添加酸乳。此外，酸乳在饮品中使用较多，比如广受消费者喜爱的芝士奶盖常添加酸乳。

③乳酪（Cheese）。又被称为干酪、芝士等，也是焙烤食品的重要原料之一。比萨饼表面放置的马苏里拉芝士碎，就是干酪的一种。乳酪蛋糕中的奶油奶酪（Cream Cheese）也是干酪的一种。干酪是通过把液态牛乳通过凝乳、排乳清、盐渍、成型、成熟等工艺得到的固体发酵乳制品。干酪的营养价值很高，含有丰富的蛋白质、脂肪、全部的必需氨基酸、维生素和矿物质等。干酪的蛋白质含量约为20%~35%，消化率可达96%以上，高于全脂牛乳的消化率。并且干酪蛋白质中必需氨基酸的利用率超过89%，高于牛乳蛋白。新鲜干酪中的脂肪含量可达12%以上，成熟干酪中通常含有20%~30%的脂肪。干酪的脂肪含量虽高，但胆固醇含量较低。干酪可根据含水量分为：软质干酪、半硬质干酪、硬质干酪和超硬质干酪。

（3）糖 除白砂糖外，西式糕点中还会用到各种糖浆，包括转化糖、葡萄糖浆、果葡糖浆、饴糖等。

转化糖是将蔗糖在加热加酸或酶催化作用条件下水解成果糖和葡萄糖制得的。一般转化率为50%~60%，剩余40%~50%依然为蔗糖，所以转化糖是由蔗糖、葡萄糖和果糖三种糖组成的混合物。果糖的甜度较大，转化糖的甜度比蔗糖高30%左右，且不易结晶，常被用于豆沙馅料等高甜度食品中。

果葡糖浆、葡萄糖浆、麦芽糖等都属于淀粉糖，是以植物淀粉为原料，通过酶法、酸法或酸酶法加工制成的产品。如用酸水解淀粉，100%转化后就是葡萄糖浆。果葡糖浆又称为高果糖浆，其加工过程是先将淀粉水解为葡萄糖，再使用葡萄糖异构酶或碱处理使部分葡萄糖异构化为果糖。果葡糖浆中果糖的比例与异构率相关，目前异构率可达90%以上。果葡糖浆的成分是果糖和葡萄糖，两者都能被酵母直接利用，所以可用于面包加工。因为果糖具有较好的保湿性，所以也常用于蛋糕制作，其成品的柔软性明显优于添加砂糖的蛋糕。

饴糖是由淀粉糊经α-淀粉酶或β-淀粉酶分解而成的。由于β-淀粉酶对支链淀粉的分解不完全，因此得到的产物是麦芽糖和极限糊精。α-淀粉酶作用于淀粉后一般生成糊精和麦芽糖。酸酶法并用可制得含不同比例糊精、麦芽糖和葡萄糖的饴糖，这种糖黏度高、吸湿性强，也常用作糖果加工的原料。

课后拓展

1. 蛋糕产品如何分类？请实地探访三个以上烘焙店，对你看到的蛋糕产品进行分类。
2. 打发蛋清和打发奶油的过程有哪些异同点？
3. 尝试结合食品感官分析中的各种分析方法，进行西式糕点产品的品质评价。

二、蛋糕中的其他原料

除了主要原料蛋、乳、糖外，还有一些原料虽然用量不大，但对蛋糕产品的作用和品质影响较大，比如膨松剂、胶凝剂、可可粉等。

1. 膨松剂及乳化剂

（1）膨松剂 膨松剂包括生物膨松剂和化学膨松剂。酵母属于生物膨松剂，化学膨松剂一般包括小苏打和泡打粉。

小苏打的化学名称为碳酸氢钠，其具有碳酸氢根，当存在有机酸、无机酸或酸性盐时，就会发生中和反应产生二氧化碳气体。反应式如下：

$$2NaHCO_3 \longrightarrow Na_2CO_3 + CO_2\uparrow + H_2O$$

当配方中含有可可粉、蜂蜜等酸性物质时，可加入小苏打作为膨松剂。因为小苏打无需加热即可产生气体，所以面糊调制完成后应立即烘焙，否则气体很快被释放。通过上述反应式可知，小苏打产生气体的同时会产生碳酸钠，若使用量过多，产品就会有明显的碱味。

除小苏打外，蛋糕中常用的膨松剂是泡打粉，又称发粉。泡打粉是由小苏打和酸性盐以及填充剂淀粉组成的。小苏打与各种酸性盐作用，必须完全中和，才不会影响产品的风味、颜色和质构，所以泡打粉是一种中性物质。

各种焙烤食品对泡打粉释放二氧化碳气体速度的要求不同。饼干烘烤时间短，需要很快产生气体，而蛋糕产品则需要在烘烤过程中持续产生二氧化碳气体，所以泡打粉又分为快性发粉和慢性发粉。快性发粉产生二氧化碳速度快，一般在烘烤之前就已释放出全部气体或1/2～2/3的气体。释放气体得快慢与酸性盐种类有关，如酒石酸氢钾和酸性磷酸钙与小苏打调配后都能很快产生二氧化碳气体，而酸性焦磷酸钠、酸性焦磷酸钙、磷酸铝钠、硫酸铝钠等酸性盐水溶性较差，在烘烤之前产生的气体非常少，只有在烘烤过程中温度升高时，溶解性增加，反应加快，才产生二氧化碳，因此属于慢性发粉。泡打粉也可分为单效泡打粉和双效泡打粉。目前单效泡打粉已很少使用，双效泡打粉是由快速和慢速产生二氧化碳气体的酸性盐混合而成，在烘烤前和烘烤过程中都会产生二氧化碳气体。

（2）乳化剂 蛋糕中常用的乳化剂是蛋糕油，主要成分是单硬脂酸甘油酯、山梨糖醇等，属于乳化起泡剂。蛋糕油通常用于海绵蛋糕中，可以降低蛋糕面糊在搅拌时形成的界面张力，扩大液体—气体之间的接触面，增强液膜的机械强度，不仅有助于面糊的发泡，还可以稳定形成的气泡。通过这一方法制成的蛋糕成品质地蓬松、组织均匀、口感细腻。蛋糕油要在蛋糕面糊快速搅拌之前加入，才能充分发挥作用，添加量一般是鸡蛋质量的3%～5%。

2. 胶凝剂

西点，尤其是慕斯类产品，需要低温成型，所以一般都需要添加胶凝剂。常用的胶凝剂是明胶，商品名称为吉利丁，有两种产品形式，一是吉利丁片，二是吉利丁粉。明胶是从动物的皮或骨中提取的蛋白质。吉利丁片比吉利丁粉使用更为方便，一是每片质量相同，一般为5g或2.5g；二是可以将吉利丁片放在足够多的水中浸泡，泡软后挤干表面水分即可，而用于浸泡吉利丁粉的水量必须经过计算准确添加。吉利丁片采用冰水浸泡为佳，因为在冰水中明胶只吸水软化，整体片状形态不变；如果用常温水，则需密切关注浸泡时间，时间过长会导致吉利丁片形状散落，无法捞起。

3. 可可粉及巧克力

可可豆荚采摘后，经过发酵去除表面黏液，再经过烘烤可获得具有香气的可可豆。无论是巧克力还是可可粉，都是以可可豆为原料制得的。可可粉是除去部分可可脂之后，经过干燥而制得的粉末状产品。不同品牌的可可粉颜色略有差异，有些是深棕色，有些是红棕色。天然可可呈弱酸性，可以通过适度调节pH来获得不同颜色的可可粉。巧克力的种类比较多，有苦巧克力、甜巧克力、牛奶巧克力和白巧克力。制作商品巧克力宜购买由纯巧克力浆制成的苦巧克力，然后根据口味来调整配方。甜巧克力是苦巧克力添加糖和可可脂调制而成。牛奶巧克力是添加了固态乳制品的甜巧克力。白巧克力由可可脂、牛乳和糖调制而成，其可可脂的含量较低，一般用于制作巧克力装饰插件或对颜色有要求的产品。

对于含可可脂的巧克力来说，熔化温度非常重要。想要做出完美的巧克力产品，就要严格按照调温曲线进行熔化和降温成型。巧克力中的可可脂具有6种结晶型，只有一种结晶型最为稳定。用不同方法制成的巧克力表面的区别不明显，但截面差异明显，按调温曲线的巧克力产品截面光滑，而自然降温的产品截面粗糙（图2-1）。一般来说，巧克力的熔化温度不能超过55℃，熔化温度过高或者急速冷却都将导致可可脂结晶型的变化。如果是制作巧克力慕斯之类的甜点，要求则会降低，但需要注意的是，巧克力熔化过程中要轻轻搅拌，且如果需要将巧克力与牛奶等其他物质混合，要提前将牛奶等物质加热到和巧克力温度接近再分次添加，以保证混合均匀。

案例2-3 用含60%可可脂的黑巧克力来制作目标造型巧克力，先按照调温曲线制作一款，再用自然降温法制作一款，对比得到的两款巧克力外观和截面（图2-1）。调温曲线要求为：巧克力升温至45～50℃熔化，然后降温至28℃，再升温至30～32℃，操作过程持续搅拌。自然降温过程只降温，不搅拌。

（1）按照调温曲线制作的巧克力　　（2）自然降温的巧克力

图2-1　不同调温曲线巧克力产品对比

4. 油脂

在面包加工模块已介绍了黄油等油脂，除此之外，在蛋糕中使用较多的油脂为液态油，比如色拉油、液态酥油等。液态油在蛋糕中的作用是使蛋糕湿润、松软。戚风蛋糕常使用的液态油脂为大豆油、玉米油、液态酥油等，而较少使用花生油等具有明显特殊风味的液态油。

课后拓展

1. 请对比三种以上不同品牌的泡打粉，说说它们之间的异同。

2. 请以本模块“加工芒果慕斯”任务为例，通过添加不同比例的明胶，评估能够使产品凝固的最低用量是多少？

3. 预拌粉制作的蛋糕和普通配方做出的蛋糕有何区别？请写出海绵蛋糕预拌粉的配料，并说出每一类配料的作用。

三、蛋糕加工工艺及原理

1. 蛋糕加工工艺

蛋糕加工工艺流程如图2–2所示，其中最关键的步骤是面糊调制。蛋糕有不同的面糊调制方法，应根据配方以及产品特点，采用不同的加工工艺。

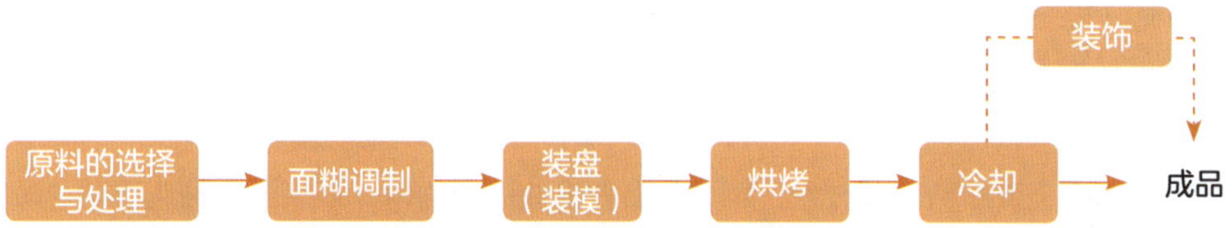

图2–2　蛋糕加工工艺流程

（1）面糊调制　高油脂蛋糕一般采用乳化法或两段法来调制面糊，两种调制方法的流程见图2–3。

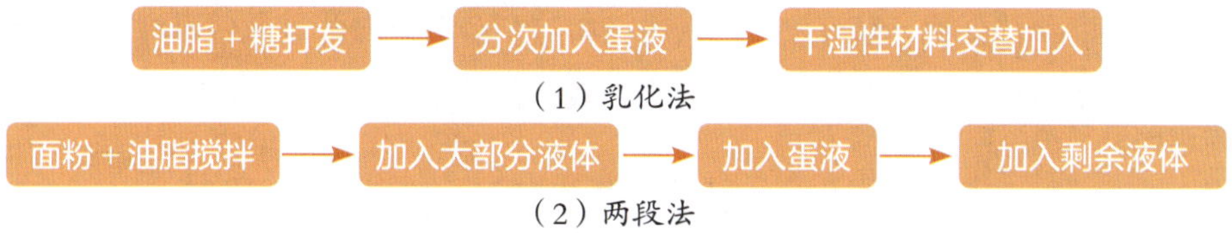

图2–3　乳化法和两段法的面糊调制流程

乳化法是先将油脂与糖一起打发，然后加入鸡蛋，充分乳化后再将面粉等干性材料与牛乳等湿性材料分次交替加入，以便充分混合均匀。需要注意的是，如果配方中没有使用鸡蛋，但其他流程不变，也归为乳化法，这种情况在饼干加工中较为常见。

两段法是先将面粉和油脂搅拌混合并打发，然后加入糖和盐等配料继续搅打，接着将大部分液态材料加入面糊混合均匀，最后再加入鸡蛋和剩余的液态材料进行混合。两段法制得的蛋糕组织更为细密，乳化法制得的蛋糕体积更大，各有优点。需要注意的是，两段法的油脂使用量不可少于60%，否则无法实现应有的细密效果。

对于低油脂蛋糕或乳沫蛋糕来说，一般采用海绵法、天使法或戚风法来调制面糊，三种调制方法的流程见图2–4。

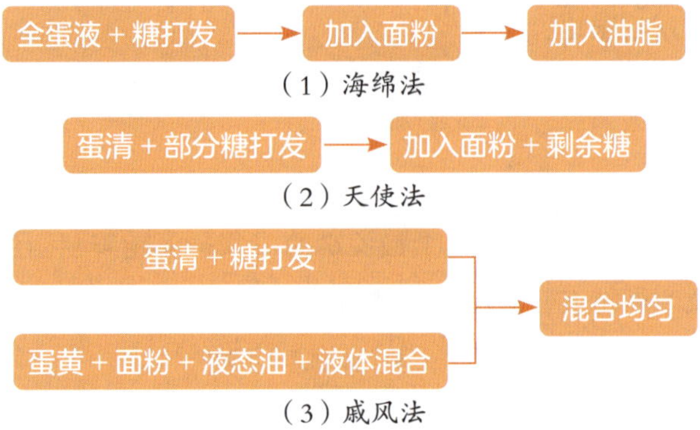

图2-4　海绵法、天使法和戚风法的面糊调制流程

海绵法是先将全蛋和糖一起打发，再加入面粉慢速混合均匀，最后加入油脂混匀。虽然图2-4中是全蛋打发，但在实际应用中，单独打发蛋清或蛋黄也称为海绵法。此外，将鸡蛋与糖拌匀后加入干性材料及蛋糕油，经过快速搅拌，利用蛋糕油的乳化性实现打发面糊，最后加入油脂进行混合，也是目前较为常用的面糊调制方法。海绵法也常用于饼干的加工，比如提拉米苏中的手指饼干，再比如马卡龙制作中意式蛋白霜打发完成后与杏仁粉混合，与图2-4中海绵法的前两个步骤一致。

天使法是蛋清和部分糖一起打发，然后将面粉与剩余的糖混合，最后再将两部分混匀。

戚风法是蛋清与糖一起打发，蛋黄与油脂、液体物料、面粉一起混合均匀，再将两部分混合均匀。

（2）装盘（装模） 所有的蛋糕面糊都需要装盘或入模烘烤，针对不同的蛋糕需要选择不同的模具。对于高油脂蛋糕，烤盘或模具内必须刷油或者垫油纸，便于后期脱模，最方便的是使用脱模油直接喷涂。平盘蛋糕直接采用烤盘垫油纸烘烤，戚风蛋糕的模具不可喷涂油脂。

（3）烘烤 对于调制完成的蛋糕面糊，应立即入模烘烤（特殊要求除外）。种类不同、大小不同的蛋糕，其烘烤温度及时间也存在差异。总体来说，蛋糕的烘烤温度一般在170～190℃。高油脂蛋糕的烘烤温度比低油脂蛋糕低，时间也会更长。含有果料的蛋糕比不含的烘烤温度低，因为烘烤时间更长。在低油脂蛋糕中，天使蛋糕的烘烤温度更高，时间更短。用糖浆或蜂蜜等制作的蛋糕比用砂糖的烘烤温度低，因为糖浆和蜂蜜在较低的温度下就能烘烤上色。同样的蛋糕糊，装载的烤盘大小和厚度都会影响烘烤温度和时间，比如6寸的海绵蛋糕烘烤温度为190℃，而10寸的海绵蛋糕烘烤温度为180℃。

烤盘尽量放置于烤箱的中间部位，烤盘各边不应与烤箱壁接触。若同时放两个或两个以上的烤盘，则烤盘之间应有足够间距，以免阻碍空气循环。

正确的烘烤温度非常重要。如果烘烤温度过高，则在气体未充分膨胀之前蛋白质已经凝固，产品达不到预期的膨松程度，且因为表面已经凝固，内部的较高气压会导致表面龟裂。如果烘烤温度过低，则蛋白质的凝固速度过低，烘烤时间过长，水分损失过多，影响蛋糕口感。在蛋糕未完全膨起，表面未上色前，不宜打开烤箱，否则易导致成品塌陷。

判断蛋糕是否成熟，可将竹签插入蛋糕的中心部分，若拔出后竹签上不带有蛋糕糊，则表明蛋糕成熟。

（4）冷却　烘烤完成的蛋糕需要充分冷却才可以进行装饰。蛋糕冷却的方法需根据蛋糕种类进行选择。戚风蛋糕需要出炉后立即将模具倒扣进行冷却，倒扣时要垫起边缘，避免蛋糕表面与操作台直接接触。当蛋糕完全冷却后，再进行脱模。层状蛋糕烘烤结束后，应先在烤盘中冷却一段时间，再趁温热倒出，因为蛋糕质地松软，高温时倒出容易破碎。制作蛋糕卷等平盘蛋糕时，蛋糕坯出炉后，需要先脱模，随后放置于晾网冷却。

（5）装饰　装饰能够提升蛋糕的美感和附加值，裱花蛋糕是最常见的一类装饰蛋糕。裱花的材料有搅打稀奶油、奶油霜、豆沙霜等，各有特色。冷冻型搅打稀奶油和冷藏型搅打稀奶油稳定性差异明显，冷冻型稀奶油（植物油基）搅打后质地细腻、稳定性好，适合用于各类裱花造型，而冷藏型稀奶油搅打后稳定性较弱，常用于抹坯或夹心。为了防止奶油因高温而软化变形，可以在淡奶油中加入熔化后的白巧克力等制作甘纳许（Ganache），再用甘纳许来进行抹坯，稳定性会大大提升。典型的甘纳许配方如表2-3所示。甘纳许的制作方法是将淡奶油煮至80℃，加入白巧克力熔化混匀，再加入软化后的明胶，最后加入香草精，冷藏隔夜，打发使用。

表2-3　甘纳许配方

序号	原料	质量/g
1	淡奶油	175
2	白巧克力	70
3	香草精	5
4	明胶	2

用奶油霜（图2-5）和豆沙霜（图2-6）也可以对蛋糕进行装饰。这两种物料稳定性较高，可以进行多次调色，色彩层次丰富。奶油霜的主要原料是白奶油，色泽更透亮，但口感油腻；豆沙霜的主要原料是白豆沙，亮度不高，但口感清爽。目前这两类装饰蛋糕因颜值高越来越受消费者欢迎。在课程网站的拓展部分为感兴趣的学习者提供了淡奶油和豆沙霜裱花的微课。

除上述装饰方法外，还有翻糖蛋糕的装饰方法，是预先将糖皮制作好，然后包住蛋糕坯。可以在糖皮上画出各种图案进行装饰，也可以用模具制作糖花，再进行装饰。因为糖皮较重，所以翻糖蛋糕的底坯一般用重油蛋糕。

图2-5 奶油霜装饰蛋糕

图2-6 豆沙霜装饰蛋糕（右图为学生获奖作品）

2. 蛋糕加工有理可依

（1）蛋糕膨松原理 蛋糕膨松受多个因素影响。

①空气的作用。搅打可将空气卷入蛋糕糊中，而搅打又主要分为两类：一类是油脂的打发；另一类是蛋的打发。油脂和糖一起快速搅打，能够拌入大量的空气，全蛋、蛋清快速搅打时也可以裹入大量空气，这些空气在烘烤时受热进一步膨胀，使蛋糕的体积增大。

②膨松剂的作用。小苏打和泡打粉可在合适的条件下生产二氧化碳气体，使蛋糕体积增大。

③水蒸气的作用。蛋糕糊中的水分在烘烤过程中气化成水蒸气，大量水蒸气与蛋糕中的空气及二氧化碳结合使蛋糕体积膨大。

（2）蛋糕配方平衡 为了改善蛋糕的品质，常需要对配方进行调整。配方中材料的种类和比例仅能有限度地进行改变，这种在限度范围内对配方进行的调整称为配方平衡。为了实现配方平衡，可以将蛋糕中的材料分为干性材料和湿性材料，也可以分为韧性材料和柔性材料，具体如下。

干性材料：面粉、淀粉、乳粉、可可粉、泡打粉、塔塔粉；

湿性材料：鸡蛋、牛乳、水、液态糖浆；

韧性材料：面粉、鸡蛋、牛乳；

柔性材料：糖、油脂、塔塔粉、泡打粉。

配方平衡的本质就是韧性材料和柔性材料相互平衡，干性材料和湿性材料相互平衡。换句话说，如果配方中增加了韧性材料的用量，则必须同时增加柔性材料的用量。有些材料本身具有多重性质，比如鸡蛋既是韧性材料也是柔性材料，因为鸡蛋中含蛋白质和脂肪。

不同种类蛋糕配方中的物料有不同的比例范围，表2-4是常见三类蛋糕配方中物料的比例范围。

表2-4　三类蛋糕配方中物料的比例范围

序号	重油蛋糕		海绵蛋糕		戚风蛋糕	
	原料	烘焙百分比/%	原料	烘焙百分比/%	原料	烘焙百分比/%
1	低筋粉	100	低筋粉	100	低筋粉	100
2	细砂糖	85 ~ 100	细砂糖	60 ~ 120	细砂糖	100 ~ 150
3	油脂	50 ~ 100	鸡蛋	150 ~ 250	食盐	1 ~ 2
4	鸡蛋	60 ~ 100	油脂	0 ~ 50	泡打粉	0 ~ 2
5	盐	1 ~ 2	盐	0 ~ 2	油脂	50 ~ 80
6	泡打粉	2 ~ 3	糖浆	0 ~ 25	蛋黄	80 ~ 120
7	牛乳/水	20 ~ 50	泡打粉	0 ~ 2	牛乳/水	35 ~ 60
8			蛋糕油	5 ~ 10	蛋清	150 ~ 250
9			牛乳/水	10 ~ 30	塔塔粉	0.5 ~ 2

重油蛋糕来源于磅蛋糕，而最初的磅蛋糕采用一磅面粉、一磅糖、一磅黄油和一磅鸡蛋制作而成，由此得名。后来人们在这个配方的基础上，逐渐降低糖、油脂和鸡蛋的用量，并加入牛乳进行补偿，形成了以下常用规则：①糖的用量少于或等于面粉的用量；②油脂的用量与鸡蛋的用量相同；③鸡蛋和液体（牛乳/水）的用量相加与面粉的用量相等。

配方平衡时一般先确定糖和面粉的比例，再依次平衡其他材料。在进行配方平衡时可结合以下原则：①如果增加液体（牛乳或水）的用量，则需相应减少鸡蛋和油脂的用量；②如果增加鸡蛋的用量，则需相应减少水的用量，增加油脂的用量；③如果加入可可粉，则应增加可可粉质量75% ~ 100%的水或减少面粉的用量；④如果加入液体糖浆，则需要减少其他液体的用量；⑤如果加入湿性材料，比如水果泥，则需相应减少液体的用量或增加面粉的用量。

课后拓展

1. 请你设计三个不同种类的蛋糕配方，并写出工艺流程。

2. 蛋糕烘烤时，为什么烤箱需要提前预热至目标温度?

3. 在你制作过的蛋糕产品中，根据你的喜好对其中的一款进行配方调整，再制作出相应的产品。

实训任务一　加工戚风蛋糕

任务目标

戚风蛋糕成品图

知识目标

1. 掌握蛋黄的乳化作用和蛋清的起泡性。
2. 熟悉蛋清的温度与打发效果之间的关系。

能力目标

1. 能正确判断蛋清和淡奶油打发的不同阶段。
2. 能正确进行翻拌。
3. 能评价戚风蛋糕成品的感官品质并分析出现的问题。

素质目标

1. 通过戚风独特的冷却方法，感受工匠精神。
2. 通过对蛋清打发状态的判断，体会适“度”的重要性。

任务描述

蛋糕类产品都是以鸡蛋、糖、面粉、油脂为基本材料制作而成的，对于戚风蛋糕来说，它的两大特点分别是：①将蛋黄和蛋清分离，只打发蛋清部分，再与蛋黄面糊部分混合；②使用液态油脂。因为蛋清的打发性比全蛋和蛋黄要好很多，同时液态油脂的分散性强，因此，戚风蛋糕的组织非常松软、绵密。戚风蛋糕的应用范围非常广，可以单独作为产品销售，也可以作为裱花蛋糕、慕斯蛋糕、乳酪蛋糕等产品的底坯，所以，练好戚风蛋糕制作这个基本功是非常必要的。

典型工作环节一

任务准备

一、微课预习

请扫码观看戚风蛋糕微课，观看后请扫码完成相关预习题。

戚风蛋糕微课　　戚风蛋糕预习题

二、原辅料准备

戚风蛋糕配方

序号	原料	质量/g	备注	序号	原料	质量/g	备注
1	蛋清	—	来自全蛋525g	6	牛乳	63	
2	细砂糖	200		7	色拉油	102	
3	塔塔粉	2.2		8	香草精	7	
4	盐	1.1		9	低筋粉	130	
5	蛋黄	—	来自全蛋525g	10	泡打粉	4.3	

三、工器具准备

序号	工器具	设备	其他
1	台秤	厨师机	厨房纸巾
2	粉筛	层炉	食品级手套
3	不锈钢盆		抹布
4	刮刀		
5	手持打蛋器		
6	戚风专用模具		
7	烤盘		

续表

序号	工器具	设备	其他
8	烤架		
9	脱模刀		

典型工作环节二

任务实施

实施环节	实施步骤	实施图片	知识点/技能点
（一） 物料准备	1. 将所有粉类物料过筛处理。		**知识点：** 1. 蛋糕加工通常采用低筋粉，面粉在储存过程中可能会产生结块，为了避免结块的面粉影响产品品质，需要过筛。 2. 鸡蛋要保证新鲜，否则不易将蛋黄与蛋清分开，此外，不新鲜的鸡蛋打发性能会有所降低。
	2. 将清洗干净后的鸡蛋做分蛋处理，分离蛋黄和蛋清。		
（二） 调制面糊	1. 将蛋黄倒入大的容器中，用手持打蛋器搅打至浓稠顺滑的状态，再加入牛乳、色拉油、香草精，一起搅打均匀。		**知识点：** 蛋黄中含有天然的乳化剂——卵磷脂，因此能轻松地将牛乳和色拉油乳化至均一的状态。 **技能点：** 1. 粉类物料第一次加入后因蛋黄糊中水分较多，容易产生较多颗粒，此时须沿容器边缘用力搅打去除颗粒。 2. 第二次加粉后，颗粒大大减少，第三次加粉后几乎不会有颗粒出现，搅拌均匀即可，不可过度搅拌，以免形成面筋，影响口感。
	2. 将粉类物质分三次加入蛋黄部分。第一次加入后，搅打至无颗粒状态才能加第二次，以此类推。		

实施环节	实施步骤	实施图片	知识点/技能点
（三） 打发蛋清	1. 蛋清置于厨师机中，加入塔塔粉和盐，细砂糖分三次加入，开始搅打时加第一次糖。		**知识点：** 1. 冷藏后的蛋清较黏稠，能打发出更加绵密细腻、更加稳定的蛋白霜，但起泡性会稍降低。 2. 塔塔粉的主要成分是酒石酸钾，加入塔塔粉有两个目的：稳定蛋清的泡沫；去除鸡蛋的腥味。 **技能点：** 1. 分三次加糖能获得最大体积的蛋白霜。糖一次性加入，不易溶解且蛋清液黏度过大，不易混入大量空气。 2. 蛋清搅打过程是不可逆的，因此要密切关注打发过程，观察是否达到目标状态。
	2. 打至蛋清浓稠无液态时，加入第二次糖。在蛋清接近湿性发泡时加入第三次糖。		
	3. 蛋清搅打分为三个阶段：第一个阶段是湿性发泡阶段，将打蛋头提起会看到类似公鸡尾巴的形状，尾巴尖部垂直向下。		
	4. 第二个阶段是中性发泡阶段，此时将打蛋头提起会看到较短的公鸡尾巴出现，尖部依然垂直向下。		
	5. 第三个阶段是干性发泡阶段，此时将打蛋头提起会看到一个硬的短尖。戚风蛋糕需打发至中性发泡。		
（四） 混合面糊	1. 取1/3蛋清部分置于蛋黄部分中，用手持打蛋器以“之”字形进行初步混合，再换用刮刀，边转盆边翻拌。		**知识点：** 先加入部分蛋白霜到蛋黄面糊中混匀，其目的是防止蛋白霜和蛋黄糊两者之间的密度差异太大而不易混匀。 **技能点：** 搅拌采用翻拌的手法，即从面糊四周切入底部，再从底部翻上来。翻拌时宜轻柔匀速，同时转动容器，可以让面糊混合更快更均匀。

实施环节	实施步骤	实施图片	知识点/技能点
（四）混合面糊	2. 混匀后将面糊倒入至剩余2/3蛋清中，用刮刀采用翻拌的手法，边搅拌便转动容器，充分搅拌均匀。		
（五）入模	1. 将搅拌好的蛋糕面糊倒入戚风模具，倒入高度约为模具高度的3/5。		**技能点：** 1. 戚风蛋糕糊膨胀体积较大，因此蛋糕糊加入模具时不可太满。 2. 蛋糕糊经搅拌、翻拌处理后容易有大气泡，应通过振盘除去，尽量在烘烤前除去，否则容易导致戚风蛋糕成品中有大的孔洞。
	2. 轻微转动模具至面糊表面平整，并振盘1～2次除去大的气泡。		
（六）烘烤	1. 烘烤温度为上下火170℃，带模具烘烤，时间根据蛋糕大小决定。		**技能点：** 烘烤终点应根据蛋糕的实际膨胀情况、上色情况及使用竹签等方法综合判断，6寸戚风蛋糕约需25min烘烤完成，当然，不同的烤箱其烘烤时间可能不同。
	2. 烘烤结束后，用一根细竹签从蛋糕中心扎下去，提起之后如果没有任何粘连，表明烘烤完成。		
（七）冷却	1. 烘烤完成的蛋糕从烤箱中取出，立即振盘一次去除高热，然后带着模具即刻倒置于烤架上冷却。		**技能点：** 戚风烘烤后需要连同模具倒扣冷却。戚风组织非常柔软，趁热脱模蛋糕容易变形。此外，如果正向放置会因为蛋糕自身的重力，导致塌陷，而倒扣则可以避免塌陷。
	2. 冷却至室温后，脱模取出。	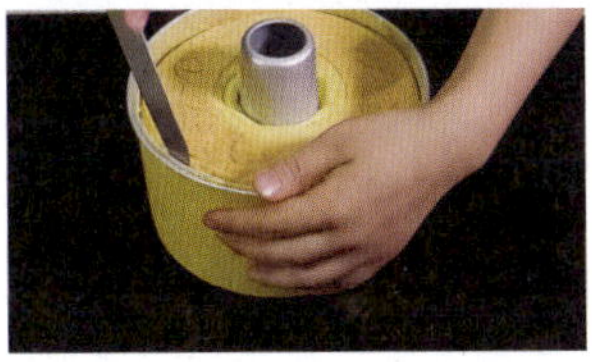	

典型工作环节三

问题反思及产品评价

一、常见问题及原因

1．蛋糕表面开裂

蛋糕表面开裂的主要原因：（1）烘烤温度太高，表面很快结皮并上色，但内部还没有充分受热膨发，当内部组织继续受热膨胀，导致已结皮的表面破裂；（2）配方中湿性材料比例过重，可考虑适量减少配方中的鸡蛋或牛乳等湿性材料，或增加面粉等干性材料；（3）倒入模具的面糊量过多，使面糊涨满模具后继续膨胀，最后从顶部开裂，一般面糊量控制在模具高度的2/3左右。

2．蛋糕有异味

蛋糕有异味主要是油脂的原因：（1）油脂出现酸败，产生哈喇味；（2）采用了花生油等具有明显风味的油脂，液态油要选择颜色浅、无特殊风味的油脂，避免成品风味受到影响。

3．蛋糕回缩

蛋糕回缩是指出炉时蛋糕膨松、但很快就发生表面收缩或回缩。蛋糕回缩的主要原因：（1）蛋糕中油或水的比例过高，要调整配方中的比例；（2）面糊起筋，一般应采用低筋面粉，并注意在搅拌过程中不要搅拌过度引起面糊起筋；（3）模具附着力不够，模具内壁有油或者防粘涂层，蛋糕面糊无法黏附；（4）没有完全烤熟，内部水分偏多，组织未完全定形，蛋糕自身重量使其回缩；（5）烘烤时间太长，水分过度流失导致回缩；（6）出炉时未及时振盘去除高热，并且没有倒扣冷却。

4．蛋糕不膨松

蛋糕不膨松或膨胀度不够的主要原因：（1）蛋清打发不到位；（2）面糊起筋或使用了高筋度面粉；（3）烘烤温度过低，或者没有提前预热烤箱，又或者烘烤过程中太频繁开启烤箱门而使烤箱温度无法保持稳定；（4）蛋黄糊与蛋清混合时手法不对，引起过度消泡，或者混合不均匀；（5）使用了防粘模具，或模具进行了刷油等防粘处理。

5．蛋糕口感粗糙

蛋糕口感粗糙的主要原因：（1）蛋清打发过度，比如打至干性发泡；（2）蛋清打发速度过快，内部含有较多大气泡；（3）打发的蛋清与蛋黄糊混合时未适度消泡；（4）烘烤时间过长。

6．蛋糕内部有大的孔洞

蛋糕内部有大的孔洞可能的原因：（1）面糊内含有大气泡，主要是蛋清打发速度过快造成的；（2）蛋清与蛋黄糊混合时拌入过多空气，同时未及时振盘消除多余空气；（3）面糊制作完成后放置时间较长，导致内部小气泡聚集形成大气泡，从而产生较大孔洞。

二、感官评价

序号	指标	情况描述	分值范围	得分
1	外观（40分）	颜色呈金黄色或浅金黄色，整体饱满，上表面平整、无开裂、无皱缩，侧面无塌腰	35～40	
		颜色呈深褐色或浅黄色，体积有收缩，表面有裂纹，仍能基本体现产品要求	25～35	
		蛋糕表面颜色焦黑或有斑块，有明显的塌陷或皱缩，蛋糕体表面有大裂纹	10～25	
2	质构（30分）	蛋糕组织柔软有弹性，截面气孔均匀细密	25～30	
		蛋糕组织柔软程度不足，弹性不足，截面气孔不均匀	15～25	
		蛋糕组织明显发干或者内部较湿，截面有大气孔或截面内几乎无气孔而有凝胶状、布丁状结构	5～15	
3	口感（30分）	具有明显的香、甜、绵软、细腻的口感，无蛋腥味	25～30	
		具有一定程度的香和甜，口感稍显粗糙，或口感稍湿，有蛋腥味	15～25	
		有一定程度的香和甜，口感明显粗糙，且偏硬或过湿有布丁感，有明显蛋腥味	5～15	

典型工作环节四

课后巩固与拓展

一、巩固练习

1．戚风蛋糕为什么要采取分蛋法制作？

2．蛋清打发时对温度有什么要求？如何判定蛋清打发程度？

3. 糖的加入有什么作用？加糖分多次加入有什么用意？是否可以一次性加入？

4. 配方中的塔塔粉有什么作用？是否可用其他物料替换？

5. 请查阅资料，设计抹茶戚风蛋糕和巧克力戚风蛋糕的配方及做法。

二、拓展资源

请扫码观看奶油卷和长崎蛋糕微课。

奶油卷微课　长崎蛋糕微课

目前国内市场中绝大部分生日蛋糕的底坯都是戚风蛋糕，戚风蛋糕的绵软、香甜，结合各类水果和淡奶油等食材，成就了生日蛋糕丰富的口感。除了生日蛋糕外，戚风蛋糕还可以用来制作蛋糕卷或盒子蛋糕，调整戚风蛋糕面糊的配方可以做成抹茶、巧克力等不同风味的蛋糕坯。因为戚风蛋糕自身非常柔软，在拓展其应用时，要考虑承重问题，避免在蛋糕表面过多装饰水果等重物或使用密度小的奶油进行抹坯，以免造成蛋糕变形。

制作戚风蛋糕的原料及工具相对简单，一般家庭厨房就能够满足制作要求，学会制作戚风蛋糕，可以为家人和朋友制作生日蛋糕，享受其乐融融的团聚时光。

实训任务二　加工重油蛋糕

任务目标

知识目标

1. 掌握重油蛋糕膨松的原理。
2. 熟悉重油蛋糕“回油”的原理。

重油蛋糕成品图

能力目标

1. 能充分乳化面糊。
2. 能针对成品出现裂纹进行适当的前处理。
3. 能评价重油蛋糕成品的感官品质并分析出现的问题。

素质目标

1. 通过对传统重油蛋糕配方的改良，感受创新精神。
2. 通过对比原味、巧克力等不同配方，思考物料间的作用，体会工匠精神。

任务描述

重油蛋糕（Butter Cake）又称为磅蛋糕，是一种面糊类蛋糕，与乳沫类蛋糕的加工工艺完全不同，油脂打发裹入的空气是重油蛋糕膨松的重要来源。一些配方中还会添加膨松剂来提高重油蛋糕的膨松度。重油蛋糕的特点是黄油香气浓郁、内部组织细腻均匀。刚烤制完成的重油蛋糕组织松散、口感干涩，并不适合直接食用，需放置1～2天达到最佳食用状态，这个过程称为“回油”。

典型工作环节一

任务准备

一、微课预习

请扫码观看重油蛋糕微课，观看后请扫码完成相关预习题。

重油蛋糕微课　重油蛋糕预习题

二、原辅料准备

重油蛋糕基本配方

序号	原料	质量/g	序号	原料	质量/g
1	黄油	300	4	蛋液	300
2	低筋粉	300	5	盐	1
3	糖粉	300			

三、工器具准备

序号	工器具	设备	其他
1	台秤	厨师机	厨房纸巾
2	粉筛	烤箱	抹布
3	不锈钢盆		油纸
4	软刮刀		裱花袋
5	蛋糕模具		牙签
6	羊毛刷		

典型工作环节二

任务实施

<table>
<tr><th>实施环节</th><th>实施步骤</th><th>实施图片</th><th>知识点/技能点</th></tr>
<tr><td rowspan="2">(一)
物料准备</td><td>1. 黄油切小块，置于室温下软化。</td><td></td><td rowspan="2">知识点：
鸡蛋回温至室温是为了增强蛋液的乳化能力。
技能点：
采用软刮刀下压黄油，若有明显的下压变形，则表示黄油软化完成。黄油不能过度软化，否则持气能力下降，影响产品膨松度。</td></tr>
<tr><td>2. 糖粉和低筋粉分别过筛。鸡蛋从冰箱取出，放置于室温回温，然后清洗干净，打散。</td><td></td></tr>
<tr><td rowspan="4">(二)
面糊制作</td><td>1. 将黄油、糖粉和盐倒入厨师机中，用扁形搅拌头先将物料搅匀。</td><td></td><td rowspan="4">知识点：
1. 蛋液预先打散和分次加入都是为了乳化更加充分，乳化越充分，组织越均匀，口感越好。
2. 加入低筋粉低速拌匀即可停机，不能搅拌过度，否则会产生面筋，从而影响蛋糕的质地及口感。
技能点：
1. 为了确保搅打均匀，要多次停机将物料全部铲起再继续搅打。
2. 黄油打发终点：颜色发白，质地细腻，有羽毛状的尾巴出现。
3. 如果厨师机带有安全罩装置，可停机后加入面粉，再慢速搅拌均匀。</td></tr>
<tr><td>2. 中速结合高速将黄油充分打发。</td><td></td></tr>
<tr><td>3. 分次加入蛋液，中速搅拌混匀，充分乳化。</td><td></td></tr>
<tr><td>4. 调慢速，缓缓加入过筛后的低筋粉，混匀后立即停止搅拌，极少部分没有搅拌到的地方可手工拌匀。</td><td></td></tr>
</table>

实施环节	实施步骤	实施图片	知识点/技能点
（三）入模成型	1. 将模具内壁和底部刷油，薄薄一层即可，再铺上油纸。 2. 将面糊装入裱花袋中挤入模具，装入量约为模具的2/3，振盘1~2次。	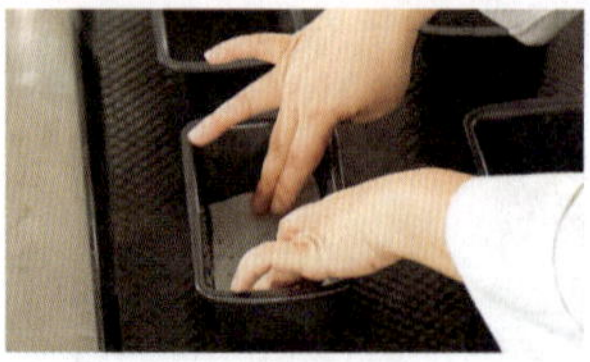 	**技能点：** 1. 模具内预先刷一层油是为了使油纸和模具紧密贴合。 2. 为了使成品重油蛋糕表面有标志性裂纹，可以在入模后的蛋糕糊顶端中间沿长边挤一条细长的黄油。
（四）烘烤	使用层炉烘烤，上下火170℃，烤至表面金黄即可取出，时间约60min。取出蛋糕，立即脱模，放置于晾网冷却。		**知识点：** 具体烘烤时间要根据蛋糕的大小、薄厚而定。 **技能点：** 1. 一般来说，重油蛋糕成品表面会有标志性的裂纹出现，应重点关注黄油打发工艺和烘烤条件。 2. 烘烤条件也可以设温度180℃，时间45~50min。
（五）冷却	冷却至室温后可进行包装，放置1~2天待“回油”后食用。		**知识点：** “回油”的原理：蛋糕出炉冷却后，水分从淀粉层迁移出来，老化开始。蛋糕内部的水分、油分基于乳化作用与其他组分暂时共存、达到平衡，当水分迁移时，平衡关系被打破，油分也与其他组分脱离、并逐步迁移到外表面，达到“回油”。

典型工作环节三

问题反思及产品评价

一、常见问题及原因

1. 蛋糕体积不够饱满或表面没有明显隆起

蛋糕体积不够饱满或表面没有明显隆起的主要原因：（1）黄油软化过度，持气能力下降，面糊密度较大；（2）黄油打发的程度不够，导致裹入的空气量不足，烘烤过程中膨胀程度小，没有出现裂纹；（3）烤箱温度设定过低，烘烤时间已到，但蛋糕还未成熟，造成重油蛋糕表面平坦不隆起；（4）蛋液加入过快，未能充分乳化面糊。

2. 蛋糕表面出现白色斑点

如果白砂糖颗粒较大或用量过多，在加入面粉之前，糖未能完全熔化，在烘烤后依然有小颗粒糖存在，导致蛋糕表面出现白色斑点。因此，尽量使用颗粒较小的细砂糖，以及充分地搅拌。

3. 重油蛋糕易老化

乳化剂的添加能够明显延缓重油蛋糕的老化，比如添加鸡蛋用量5%的SP蛋糕油（蛋糕乳化剂）。从胶体化学的角度来看，蛋糕面糊是一种典型的水油气三相乳化体系，乳化剂通过改善乳化体系的三相界面特性从而增加面糊起泡性和稳定性，直到蛋糕烘烤定形阶段。因此重油蛋糕的配方中可添加乳化剂，以及使用糖浆替换一部分蔗糖来提升蛋糕的保湿性。

二、感官评价

序号	指标	情况描述	分值范围	得分
1	外观（40分）	体积饱满，顶部有明显隆起，上表面颜色呈金黄色或浅褐色，侧面及底面颜色均匀	35 ~ 40	
		体积比较饱满，表面没有明显隆起，上表面颜色呈金黄色或浅褐色，侧面及底面颜色比较均匀	25 ~ 35	
		体积明显较小，表面没有明显隆起，颜色呈浅黄色或有焦黑现象，色泽不均匀	10 ~ 25	
2	质构（30分）	切面色泽均匀，组织结构细密，质地松软	25 ~ 30	
		切面结构较为细腻，无较大孔洞，质地偏硬	15 ~ 25	
		切面结构组织粗糙，有较大孔洞，质地较硬	5 ~ 15	
3	口感（30分）	有明显的蛋糕甜香味及黄油香味，口感松软、细腻	25 ~ 30	
		有比较明显的蛋糕甜香味及黄油香味，口感松散	15 ~ 25	
		有焦煳味，口感粗糙，偏硬偏干或粘牙	5 ~ 15	

典型工作环节四

课后巩固与拓展

一、巩固练习

1. 下方是一个重油蛋糕的配方，对比本次实训任务中的基础配方，说明差异并解释原因。

序号	原料	质量/g
1	全蛋	150
2	蛋黄	30
3	细砂糖	140
4	蜂蜜	40
5	麦芽糖	12
6	海盐	2
7	低筋粉	145
8	高筋粉	35
9	双效泡打粉	6
10	发酵黄油	110
11	稀奶油	110

2. 为什么黄油不可软化过度？

3. 如何制作巧克力重油蛋糕？

4. 添加SP蛋糕油可以延缓重油蛋糕的老化，除了SP蛋糕油还可以添加哪些乳化剂？添加量是多少？请查阅文献说明。

二、拓展资源

请扫码观玛德琳蛋糕和费南雪蛋糕微课。

玛德琳蛋糕微课

费南雪蛋糕微课

重油蛋糕的组织结构相对比较细密，承重能力较强，可作为翻糖蛋糕的底坯，支撑翻糖蛋糕的糖皮及各种装饰物的重量。重油蛋糕因其油脂含量高，容易产生油腻感，可搭配咖啡或茶一起食用，因此，在咖啡店常常会看到有重油蛋糕售卖。我国传统糕点中也有类似重油蛋糕的产品，比如枣糕，同样也是高油脂面糊蛋糕，区别在于使用的油脂和面粉种类等有所不同。受此启发，可以将西式的重油蛋糕和我国地区特色原料相结合来开发新产品，比如苹果肉桂蛋糕、红糖桂圆蛋糕等。编者团队依托国家荔枝龙眼产业技术体系深圳综合试验站平台，以荔枝干为原料，研发了一款荔枝干杯子蛋糕，经过多次配方调整和工艺优化，得到了外形、口感都令人满意的产品。

荔枝干杯子蛋糕

实训任务三 加工乳酪蛋糕

任务目标

知识目标

1. 掌握轻乳酪蛋糕的膨松原理。
2. 理解采用热水浴烘烤的原因。

轻乳酪蛋糕成品图

能力目标

1. 能充分乳化乳酪面糊。
2. 能正确烘烤及冷却乳酪蛋糕。
3. 能评价乳酪蛋糕成品的感官品质并分析出现的问题。

素质目标

1. 通过乳酪蛋糕的产品分类，体会创新精神。
2. 通过分析和对比各组间乳酪蛋糕的感官品质，感悟工匠精神。

任务描述

乳酪蛋糕（Cheese Cake），又名奶酪蛋糕、芝士蛋糕。根据乳酪含量，可分为轻乳酪蛋糕、重乳酪蛋糕，其中重乳酪蛋糕中还包括不需烤制的冻乳酪蛋糕。重乳酪蛋糕中的乳酪含量约为蛋糕质量的50%～80%，轻乳酪蛋糕中奶油奶酪含量约为蛋糕质量的20%～50%。目前，乳酪蛋糕中轻乳酪蛋糕的市场占有率最高，但随着国内消费者对乳酪接受度的提高，重乳酪蛋糕的消费量也逐渐增大。本实训任务主要以轻乳酪蛋糕的加工工艺为代表，介绍乳酪蛋糕的制作。此类蛋糕的结构与戚风蛋糕类似，质地轻盈绵软，但更紧实，口感亦较更湿润，冷藏后食用口感好。乳酪含量更高的重乳酪蛋糕如巴斯克蛋糕，其加工工艺稍有不同，但更为简单，将在拓展资源中进行介绍。

典型工作环节一

任务准备

一、微课预习

请扫码观看乳酪蛋糕微课，观看后请扫码完成相关预习题。

乳酪蛋糕微课　乳酪蛋糕预习题

二、原辅料准备

轻乳酪蛋糕配方

序号	原料	质量/g	序号	原料	质量/g
1	奶油奶酪	150	6	玉米淀粉	20
2	牛乳	150	7	乳粉	10
3	蛋黄	3个（约50g）	8	蛋清	3个（约100g）
4	无盐黄油	38	9	细砂糖	75
5	低筋粉	30			

三、工器具准备

序号	工器具	设备	其他
1	蛋糕模具（活底或固底）	插盘式冰箱	锡纸
2	深烤盘	层炉	烘焙纸
3	长柄软刮刀	厨师机	厨房纸巾
4	手持打蛋器		食品级手套
5	电子秤		
6	面粉筛		
7	不锈钢盆		

续表

序号	工器具	设备	其他
8	碗（玻璃或不锈钢）		
9	小勺		
10	小刀		

典型工作环节二

任务实施

<table>
<tr><th>实施环节</th><th>实施步骤</th><th>实施图片</th><th>知识点/技能点</th></tr>
<tr><td>（一）
物料准备</td><td>将清洗干净后的鸡蛋做分蛋处理，分离蛋黄和蛋清，蛋清可以先置于冰箱冷藏、备用。奶油奶酪、无盐黄油分别切小块，室温放置、备用。</td><td></td><td>知识点：
使用的鸡蛋必须保证新鲜，否则蛋黄易散落于蛋清中。蛋黄中存在的油脂（约占33%）会严重影响蛋清的打发。</td></tr>
<tr><td rowspan="3">（二）
制作乳酪糊</td><td>1. 奶油奶酪块加入1/3的牛乳，隔水加热软化。软化好的奶油奶酪用手持打蛋器搅打至顺滑细腻无颗粒。加入剩余的牛乳、搅拌均匀。</td><td></td><td rowspan="3">知识点：
牛乳要预先温热，避免使乳酪糊遇冷重新结块。

技能点：
1. 粉料加入后搅拌均匀即可，不可过度搅拌，以免面粉中的面筋蛋白吸水，形成面筋。
2. 过滤乳酪糊可以去掉未搅匀的颗粒，使乳酪糊更加细腻。若乳酪糊已经足够细腻，也可以不过滤。</td></tr>
<tr><td>2. 加入打散的蛋黄液，搅拌均匀。</td><td></td></tr>
<tr><td>3. 加入熔化的黄油，搅拌均匀。</td><td></td></tr>
</table>

实施环节	实施步骤	实施图片	知识点/技能点
（二） 制作乳酪糊	4. 筛入低筋粉、玉米淀粉和乳粉，用手持打蛋器翻拌均匀，使乳酪糊呈浓稠顺滑状。		
（三） 制作蛋白霜	1. 将蛋清倒入干净无油的打蛋缸中，细砂糖要分三次加入。蛋清液用电动打蛋器搅打至鱼眼泡状，加入1/3细砂糖，继续搅打至粗泡，再加入1/3的糖，继续搅打至泡沫较细小均匀，再加入剩下的糖，继续打发。 2. 加入所有糖后持续打发，待蛋白霜纹路明显且不易消失时，改用中低速打发，直至湿性发泡阶段，备用。	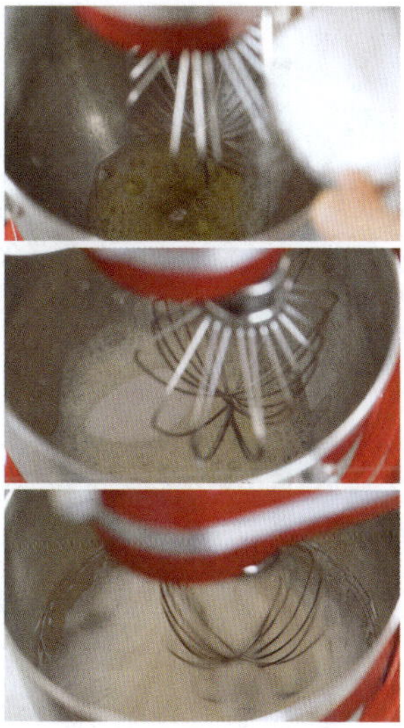 	**知识点：** 冷藏或冷冻后的蛋清较黏稠，能打发出较为绵密细腻的蛋白霜，且易控制打发程度，不容易打发过头。 **技能点：** 1. 分三次加糖能获得最大体积的蛋白霜。糖一次性加入后不易溶解且蛋清液黏度过大，分三次加入，可以使蛋白霜容易搅打入大量气泡，并使气泡绵密、稳定。 2. 蛋清打发速度，后期由高速改为中低速，一方面可方便控制打发程度，不易打发过头；另一方面，可消除高速打发产生的大气泡，使蛋白霜更加细腻。
（四） 混合面糊	向乳酪糊中加入1/3蛋白霜，翻拌均匀。将拌匀的乳酪糊再倒回剩余的蛋白霜中，翻拌均匀。拌入蛋白霜的过程，要求快速且轻柔。拌好的蛋糕糊应该非常均匀细腻，流动性好，搅动或滴下几乎不会留下纹路。	 	**知识点：** 先将部分蛋白霜加入乳酪糊中混匀，其目的是防止蛋白霜和乳酪糊两者之间的浓稠度或密度差异太大导致面糊不易搅拌均匀。 **技能点：** 乳酪糊和蛋白霜混合时采用翻拌手法，避免采用大幅度、长时间搅拌方式，以免消泡。翻拌时可以同时转动打蛋盆，让面糊混合更均匀。

实施环节	实施步骤	实施图片	知识点/技能点
（五） 入模及烘烤	1. 模具准备及处理：模具底部铺上垫底油纸、围边纸，也可以用锡纸，或预先涂黄油并撒上一层干粉，以便脱模。		**技能点：** 1. 若使用活底蛋糕模具，需要将模具底部用锡纸包裹好，以防止水浴烘烤时浸湿蛋糕底部。 2. 深烤盘先预热，在准备烘烤时再加入温水，水接触高温深烤盘可以瞬间产生大量蒸汽，使烤箱内形成高温、高湿的蒸汽环境。 3. 可先设置烘烤时间约为45min，观察蛋糕成熟度及上色情况，再适度延长烘烤时间。 4. 不同烤箱的温度会存在差异，要根据烤箱实际温度和产品上色情况来调整烘烤温度与时间。
	2. 将蛋糕糊从较高的高度缓缓倒入模具，以减少气泡。最后，在台面上振几下，振出大气泡，将表面的大气泡挑破。		
	3. 烤箱上、下火均设置为150℃，提前预热15min。预热过程中将一个深烤盘放入烤箱最下层，在上面放上烤网一起预热。	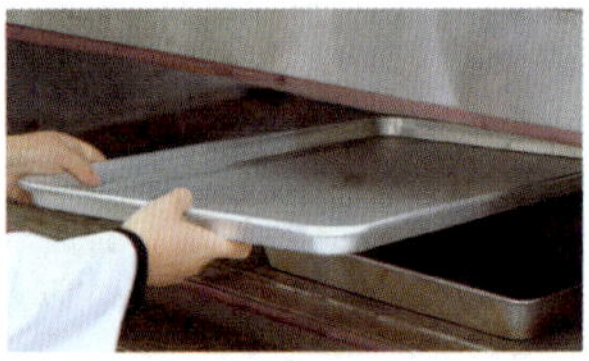	
	4. 将装有蛋糕糊的烤盘放在烤网上，推入烤箱。同时在烤盘中加满开水，迅速关上烤箱，烤制50～60min。		
（六） 脱模及冷却	1. 刚出炉的蛋糕非常软嫩，不易脱模，蛋糕出炉后轻轻振动几次，振出热气。		**知识点：** 乳酪蛋糕经冷藏后质地则会变得更绵密、湿润，同时低温会降低蛋糕的腻感，更能突出乳酪蛋糕的风味，故推荐冷藏后食用。 **技能点：** 刚出炉的乳酪蛋糕，其中的奶油奶酪和黄油呈现一定流动性，蛋糕体较为软嫩，可以待蛋糕冷却至室温后再脱模。
	2. 自然冷却之后进行脱模。蛋糕放入冰箱冷藏之后食用口感更佳。		

典型工作环节三

问题反思及产品评价

一、常见问题及原因

1. 蛋糕表皮开裂

蛋糕出炉时发现表皮较厚且严重开裂，可能的原因有：（1）蛋白霜打发过度，理想的打发程度是打发至湿性发泡或湿性接近中性发泡，若干性发泡则过度了；（2）上火温度过高或烘烤时间过长，上火温度不应高于190℃（短时上色温度除外）；（3）烘烤时未用水浴法，烤箱内湿度不足。

2. 蛋糕表面塌陷

蛋糕在炉内膨大到预设高度后，逐渐收缩塌陷、质地变实，发生了塌陷，可能的原因有：（1）蛋白霜打发不到位，蛋清未充分充入足够空气，导致后期膨发不足；（2）蛋白霜消泡，可能是打发过度、不能很好地包裹空气，或是乳酪糊和蛋白霜混合时操作不当发生消泡，也可能是面糊制作完成后没有及时烘烤，放置时间过长；（3）烘烤的温度或者时间不够、未烤熟。

3. 蛋糕表面凹凸不平

蛋糕出炉后，表面凹凸不平、表皮厚度不一，可能的原因有：（1）粉类未过筛，蛋糕糊中存在较多颗粒；（2）奶油奶酪未充分软化，易存在颗粒感，充分软化的奶酪应呈膏状、结构顺滑；（3）面糊过干，流动性差、颗粒感强，无法搅拌至充分顺滑；（4）蛋糕糊内部及表面有大气泡，若未充分振模，则无法将其充分去除。

4. 蛋糕膨胀不足

蛋糕内部组织紧密、不够蓬松，蛋糕高度不够，可能的原因有：（1）面糊搅拌过度或者放置时间过长，面糊起筋；（2）模具中倒入的面糊量过少，一般蛋糕糊倒入模具高度至少应为一半或以上。

5. 蛋糕内部结构不均匀、出现布丁层

蛋糕内部结构呈上部松散、下部有“布丁”状沉淀的现象，可能的原因有：（1）蛋糕糊未

拌匀，蛋白霜与乳酪糊未充分混合均匀；（2）乳酪糊温度太高、质地太稀，使蛋白霜消泡，也不易与蛋白霜发生充分混合，容易沉到底部，乳酪糊温度过低，蛋糕不易定形，从而出现分层；（3）蛋白霜未充分打发，支撑力不足；（4）使用活底模具时，底部防水不足导致进水，活底模具底部要用锡纸包裹严密。

6. 蛋糕发生“缩腰”

蛋糕侧面向内收缩，呈褶皱状，可能的原因有：（1）烘烤时间不足，蛋糕未完全熟透导致“缩腰”；（2）脱模时间过早，过于软嫩的蛋糕未等充分降温就脱模；（3）模具侧面涂抹的脱模油太多；（4）烘烤过程中打开烤箱门，使温度骤降。

二、感官评价

序号	指标	情况描述	分值范围	得分
1	外观（40分）	蛋糕表面呈金黄色，腰部呈乳黄色，色泽均匀，蛋糕体饱满、湿润、无皱缩、无开裂	35～40	
		蛋糕表面呈深棕色或浅黄色，色泽较为均匀，体积稍有收缩，表面稍有裂纹，仍能基本体现产品特征	25～35	
		蛋糕表面颜色焦黑，色泽不均匀，有明显塌陷或皱缩，蛋糕体表面有大裂纹	10～25	
2	质构（30分）	蛋糕截面色泽均匀，组织湿润、细腻，具有一定弹性	25～30	
		蛋糕截面色泽基本均匀，组织仍具备一定的湿润度和细腻度，仍有一定的弹性	15～25	
		蛋糕截面色泽不均匀，组织粗糙，失去蛋糕应有的弹性	5～15	
3	口感（30分）	蛋糕具有明显的乳酪风味，口感细腻、柔软、湿润	25～30	
		蛋糕有一定的乳酪风味，口感较为细腻，具有一定的柔软和湿润度	15～25	
		蛋糕没有明显的乳酪风味，口感过于黏腻或粗糙	5～15	

典型工作环节四

课后巩固与拓展

一、巩固练习

1. 奶油奶酪是否需要充分软化？为什么？
2. 向奶油奶酪中加入牛乳时，牛乳为何要预先温热？
3. 乳酪糊处理好后过筛的作用是什么？
4. 轻乳酪蛋糕烘烤时为什么需要结合水浴烘烤？有什么作用？
5. 试从配方、制作工艺上比较乳酪蛋糕和戚风蛋糕有什么异同点？

二、拓展资源

请扫码观看巴斯克蛋糕和半熟芝士蛋糕微课。

巴斯克蛋糕微课　半熟芝士蛋糕微课

在所有的乳酪蛋糕中，比较知名的当数半熟芝士蛋糕和巴斯克蛋糕。半熟芝士是将乳酪蛋糕和戚风蛋糕的工艺相结合研发出的产品，已实现自动化生产，其口感既具有明显的乳酪风味，又具有轻盈细腻的质地，广受消费者欢迎，被称为网红蛋糕。巴斯克属于重乳酪蛋糕，不如轻乳酪和半熟芝士那么轻盈，但因为其乳酪含量高，风味非常浓郁，原味巴斯克最为常见，目前也有很多的新产品，比如芋泥巴斯克、榴莲巴斯克等，丰富了巴斯克蛋糕的种类。这说明可以从工艺、配方、造型等角度来对传统产品进行调整，研发新产品。

实训任务四 加工泡芙

任务目标

知识目标

1. 掌握泡芙皮料部分的中空原理。
2. 掌握蛋乳酱的制作原理。

能力目标

1. 能充分乳化皮料面糊。
2. 能判断泡芙的烘烤终点。
3. 能评价泡芙成品的感官品质并分析出现的问题。

泡芙成品图

素质目标

1. 通过多种装饰手法，感受产品的创意创新。
2. 通过采用层炉烘烤，思考如何在现有条件下，达到最佳烘烤效果，体悟工匠精神。

任务描述

成功的泡芙需要具有明显的中空结构，而决定泡芙能否具有中空结构的就是皮料面糊，因此，皮料面糊的制作尤为重要，其中关键步骤有两个：一是淀粉的糊化；二是面糊的乳化。泡芙的外表面可以用酥皮、焦糖等进行装饰，中空部分可以用卡仕达酱、淡奶油及水果来进行填充，提升外观的同时增加泡芙的口感层次，也可以将成品泡芙粘在一起，做成泡芙塔，为甜品台增光添色。门店中，泡芙的馅料一般冷藏保存，在消费者购买时充入中空部分，工厂出品的泡芙则提前填充好了馅料，应根据不同的应用场景选择合适的馅料。

典型工作环节一

任务准备

一、微课预习

请扫码观看泡芙微课，观看后请扫码完成相关预习题。

泡芙微课　泡芙预习题

二、原辅料准备

泡芙皮配方

序号	原料	质量/g	序号	原料	质量/g
1	牛乳	260	5	黄油	200
2	水	260	6	低筋粉	260
3	盐	4	7	高筋粉	60
4	细砂糖	12	8	全蛋	460

卡仕达酱配方

序号	原料	质量/g	序号	原料	质量/g
1	牛乳	500	5	玉米淀粉	37.5
2	细砂糖	90	6	黄油	30
3	蛋黄	40	7	香草精	8
4	全蛋	55			

酥皮配方

序号	原料	质量/g	序号	原料	质量/g
1	黄油	69	3	颗粒黄糖	57
2	低筋粉	69	4	烘焙色粉	适量

辅料表

序号	辅料	用量	序号	辅料	用量
1	淡奶油	200g	3	糖粉	适量（装饰用）
2	细砂粮	10g			

三、工器具准备

序号	工器具	设备	其他
1	手持打蛋器	厨师机	厨房纸巾
2	台秤	插盘式冰箱	食品级手套
3	不锈钢盆	风炉	抹布
4	粉筛	电陶炉	保鲜膜
5	刻度擀面杖		一次性裱花袋
6	长柄刮板		
7	厚底不锈钢锅		
8	烤架		
9	烤盘		
10	光级模具		

典型工作环节二

任务实施

实施环节	实施步骤	实施图片	知识点/技能点
（一）制作卡仕达酱	1. 将全蛋、蛋黄和细砂糖放入盆中，用手持打蛋器搅打至颜色发白，且蛋液下落时有纹路出现的浓稠状。 2. 将玉米淀粉筛入，搅匀。牛乳煮沸，然后缓慢倒入蛋液中，边倒边搅拌。	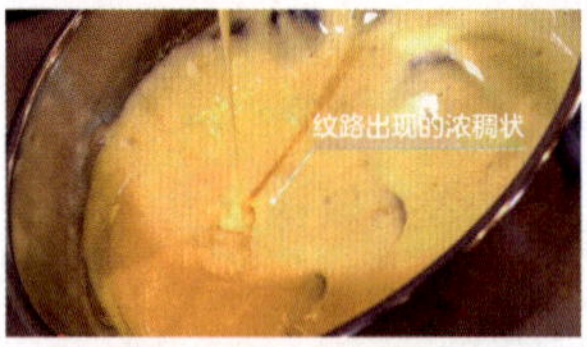 	知识点： 1. 蛋黄的起泡性不如蛋清，但打发后可形成比较稳定的稀奶油状泡液，对卡仕达酱的口感有重要作用。 2. 快速搅拌可以提升蛋清的变性温度，所以在制作卡仕达酱时，为防止局部高温使蛋白质变性，均需要快速搅拌。

实施环节	实施步骤	实施图片	知识点/技能点
（一） 制作卡仕达酱	3. 搅匀后全部倒入锅中，边中火加热边搅拌，黏稠度变大搅拌也随之加快，防止底部焦煳，当底部鼓出大泡时离火。		**知识点：** 玉米淀粉遇到水和加热，发生糊化，黏度增大。为了使酱料受热均匀，需要搅拌至每个角落。
	4. 加入黄油搅拌使其熔化，再加入香草精搅匀后立即倒出，摊薄，贴面，放入冰箱冷冻15min后，取出置于冷藏室冷藏。		**技能点：** 酱料从高温降至低温，很容易出现结皮的现象，因此需要贴面保存避免结皮。
（二） 制作酥皮	1. 将黄油软化至能够下压变形，再加入其他物料，用刮板刮压均匀即可。		**知识点：** 1. 黄油无需打发，在烘烤的过程中酥皮的体积就不会增大，只提供酥脆的特性。 2. 颗粒黄糖的甜度比蔗糖低，风味比蔗糖更丰富，且酥皮中没有额外加水，颗粒能保持到烘烤结束，为产品提供层次丰富的口感。
	2. 将酥皮放在两张油纸中间，用带刻度的擀面杖擀至2mm厚，放入冰箱冷冻。	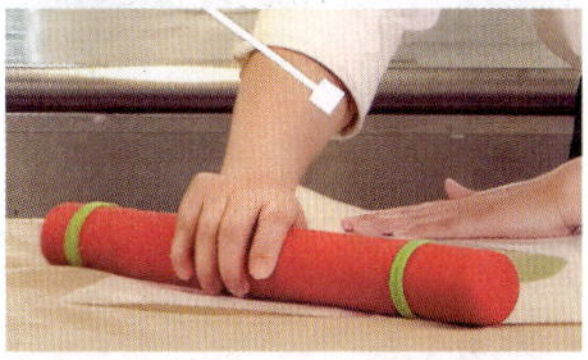	
（三） 制作泡芙皮	1. 将牛乳、水、盐和细砂糖放入锅中，搅拌溶解，然后加入小块黄油中火加热，沸腾后立即离火。	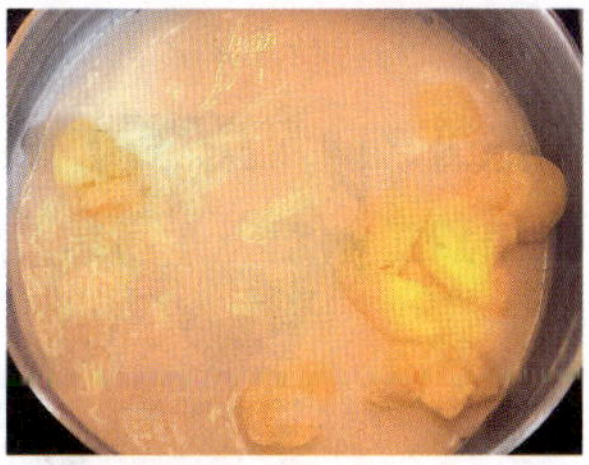	
	2. 将过筛后的高低筋面粉一次性加入，先用手持打蛋器混合，然后换用长柄刮板刮压均匀，避免残留面粉颗粒。		**知识点：** 面粉中的淀粉要吸水才能进行预糊化，刮压是为了保证所有的淀粉颗粒都均匀吸水及受热。
	3. 重新加热面糊，并不停用长柄刮板翻拌面团，直至底部出现一层明显的、粘锅的薄膜，即可离火。	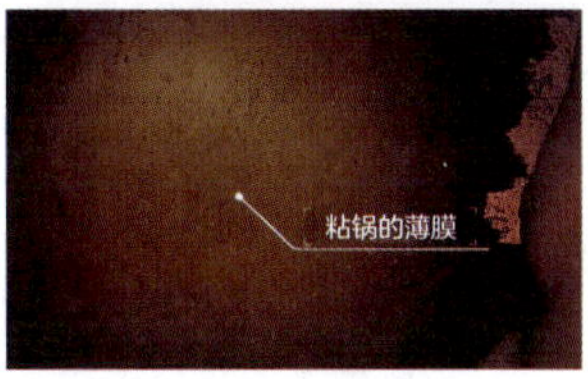	**知识点：** 淀粉吸水后，需要再次加热来实现预糊化，不停地翻拌面团是为了各部分均匀受热。

实施环节	实施步骤	实施图片	知识点/技能点
（三） 制作 泡芙皮	4. 面糊放入厨师机，扁形头4档搅打，温度降至65℃左右时，加入蛋液，蛋液预先搅匀，分次加入。		**知识点：** 蛋液中的蛋清和蛋黄均具乳化性，尤其是蛋黄具有很强的乳化能力。预先分散蛋液有助于更好的乳化，面糊降温是避免蛋液中的蛋白质遇高温变性。
	5. 如果面糊粘在厨师机底部无法被刮起，则需停机手动拌匀，最终面糊呈倒三角黏稠状态。		
	6. 光级模具蘸面粉，在烤盘上磕出圆形。用直径1cm的花嘴，面糊趁温热装入裱花袋，在烤盘上挤出圆形，收尾时先停止用力，再提起裱花袋。		**技能点：** 1. 光级模具磕出的圆形大小就是挤制泡芙皮料的大小，也是接下来酥皮的大小。 2. 花嘴的直径大一些，挤制出的泡芙也会大一些。
（四） 盖酥皮	挤完整盘后，取出冻好的酥皮，用与磕面粉圆同样大小的模具压出圆形酥皮，将酥皮盖在皮料的上方。	 	**技能点：** 1. 天然黄油在室温很容易软化，尤其是只有2mm厚，因此压酥皮和盖酥皮的速度要够快，如果半途软化严重，则需要重新冷冻。 2. 酥皮取出后，可在底部垫一张提前冷冻的木板，减缓酥皮软化的速度。
（五） 烘烤	风炉提前升温至170℃，将挤制成型的泡芙放入，烘烤20min，关火取出。连同烤盘放到烤架上冷却。		**技能点：** 泡芙要依靠烘烤产生的蒸汽压产生中空结构，因此，在泡芙膨胀至目标大小之前不要打开炉门。
（六） 注馅和 装饰	1. 取出卡仕达酱，用手持打蛋器搅打至顺滑。 2. 淡奶油中加入其质量5%的细砂糖，打发至7成。		

实施环节	实施步骤	实施图片	知识点/技能点
（六）注馅和装饰	3. 圆形酥皮泡芙：从顶部1/4处切开，将卡仕达酱挤入中空部分，再筛上一层糖粉，上方挤上1圈奶油，最后把切掉的1/4顶部放回来。		

典型工作环节三

问题反思及产品评价

一、常见问题及原因

1. 膨胀的不够或体积过小

泡芙体积膨胀的不够一般有下列几种原因：（1）皮料面糊过稀，会使泡芙在进入风炉之前就变成扁圆形，这样的状态很难快速形成良好的外壳，从而导致膨胀不够。水分比例过大或者乳化后搅打时间过长都会导致面糊过稀；（2）面粉在一次性加入牛乳液体中时，混合得不够均匀，仍有面粉颗粒，这样的面糊存在大量的空隙，产生不了较大的蒸汽压，也就无法膨胀；（3）在泡芙未定形之前打开炉门，使得炉内气压增大，从而降低了泡芙内外压差，导致泡芙膨胀不足。

2. 泡芙表面上色浅

对于泡芙来说，表面颜色应该偏褐色为佳，上色浅一般有两种原因：（1）烘烤时间不足；（2）烘烤温度不够。对于有些烤炉来说，隔着玻璃面板观察泡芙，会有颜色偏深的错觉，但取出后其实颜色并没有达到预期目标，应避免这样的操作失误。层炉一般用190～200℃烘烤泡芙，风炉一般为170～180℃。比较来说，风炉的上色效果比层炉好。

3. 泡芙内部没有烤熟

出现泡芙内部没有烤熟的情况可以与前2个问题结合起来考虑，主要是由于误判表面颜色导致烘烤时间不够，如果表面颜色确实已经达到预期，而内部不熟，可以将烤箱的火关掉，利用余温继续烘烤3～5min。此外，泡芙即便在烤熟的状态下，其内部也是柔软的结构，部分初学者会认为泡芙内外都是脆的，这是对泡芙的误解。

4．泡芙形状不规则

泡芙形状不规则是因为挤制时没有做到每个泡芙的厚薄、大小一致，这主要是初学者容易出现的问题，多多练习，保持手法一致即可。

二、感官评价

序号	指标	情况描述	分值范围	得分
1	外观（40分）	颜色呈浅褐色，酥皮分散均匀，膨胀充分，整体结构呈饱满的圆球形	35～40	
		颜色呈浅褐色，酥皮有分散在表面，但不够均匀，有一定膨胀，整体结构呈圆球形但不够饱满	25～35	
		颜色呈金黄色或深褐色，酥皮零星分散表面，膨胀很小或外观不规整，整体结构呈扁圆形	10～25	
2	质构（30分）	外壳厚薄均匀，内部组织柔软但不粘连，切开后具有明显的中空结构	25～30	
		外壳厚薄比较均匀，内部组织柔软但有少许粘连，切开后有中空结构，但不够明显	15～25	
		表面的脆性外壳凹凸不平，内表面出现粘连，切开后中空结构非常不明显	5～15	
3	口感（30分）	表皮香甜酥脆，内部柔软，馅料浓郁丝滑冰爽，层次丰富	25～30	
		表皮香甜酥脆，内部柔软，馅料口感过稀或粗糙，层次不够丰富	15～25	
		表皮有一定程度的香和甜，内部有明显粘牙，馅料过少导致整体口感偏干，或馅料与外皮口感不协调	5～15	

典型工作环节四
课后巩固与拓展

一、巩固练习

1. 泡芙的膨胀原理是什么？
2. 请你说说淀粉预糊化和充分糊化的区别。

3. 如果泡芙皮面糊没有得到充分乳化，会出现什么情况？

4. 请你查阅用层炉烘烤泡芙的条件，和本实训的烘烤条件进行对比，谈谈你都得到了哪些信息。

5. 请结合拓展微课资源，尝试制作不同造型的泡芙。

二、拓展资源

请扫码观看黑天鹅泡芙微课。

黑天鹅泡芙微课

对于泡芙来说，奶油软泡芙和天鹅泡芙都是非常经典的产品。天鹅泡芙曾是西式面点师考试的内容之一，可见其极具代表性；奶油软泡芙一直受到消费者欢迎，目前市面上的一些新产品，例如泡芙桶，就是将奶油软泡芙结合水果、淡奶油等组装而成的。除了上述提到的两种泡芙之外，车轮泡芙、闪电泡芙、泡芙塔等也都是比较经典的产品，这种经典更多的在于外观造型，因为它们的皮料配方并无太大区别。在这些产品之中，泡芙塔因外形酷似塔状、体积较大、表面易于装饰等优点常被当作节庆甜品。

泡芙中空部分一般挤入卡仕达酱、淡奶油或者卡仕达酱和淡奶油按照一定比例混合而成的馅料。如果对泡芙产品进行创意创新，首先可以考虑从造型方面入手，比如类似雪人的造型；其次是口感，比如酥皮泡芙，增加一层酥皮，会大大提升泡芙入口后的层次感；再次是配料，比如在中空部分增加水果丁或果泥，与奶油或卡仕达酱进行搭配，也可以提升入口后的层次感。无论从哪个角度创新，都需要熟练掌握泡芙面糊的制作，良好的中空结构和饱满的外观是进行创意创新的基础。

实训任务五　加工芒果慕斯

任务目标

知识目标

1. 掌握明胶的特性及使用方法。
2. 掌握意式蛋白霜的打发原理。

能力目标

1. 能独立制作意式蛋白霜。
2. 能正确进行脱模操作。
3. 能评价慕斯成品的感官品质并分析出现的问题。

慕斯蛋糕成品图

素质目标

1. 通过意式蛋白霜制作过程中各环节的配合，感受团队精神。
2. 通过企业不同慕斯配方对比，理解原料对品质的作用，体悟精益求精。

任务描述

慕斯是一类低温甜点，它具有轻盈的质地和爽滑的口感，而这主要依靠打发蛋清、奶油或者两者兼有来实现。目前市场上的慕斯大部分是慕斯与蛋糕坯或饼干底的混合体，一层蛋糕底，一层慕斯，相间开来，有些两层，有些四层，甚至更多，再结合淋面以及水果，形成了种类丰富的慕斯产品。通过工厂集中生产，再冷冻运输和贮藏，销售前升温至冷藏温度，这是大型商超和一些连锁门店慕斯产品的销售模式，也是目前最主要的销售模式。即便是门店自主加工，也需要通过冷冻贮藏，因为无法做到每天现做，要注意冻藏过程中的包装，不仅要防止失水，还要防止串味。

典型工作环节一

任务准备

一、微课预习

请扫码观看芒果慕斯微课，观看后请扫码完成相关预习题。

芒果慕斯微课　　芒果慕斯预习题

二、原辅料准备

慕斯部分配方

序号	原料	质量/g	序号	原料	质量/g
1	芒果果茸	300	4	蛋清	75
2	淡奶油	500	5	明胶	30
3	细砂糖	125			

戚风蛋糕底配方

序号	原料	质量/g	序号	原料	质量/g
1	蛋黄	4个	5	低筋粉	52
2	牛乳	52	6	蛋清	4个
3	色拉油	40	7	细砂糖	82.5
4	香草精	7			

淋面配方

序号	原料	质量/g	序号	原料	质量/g
1	芒果果茸	200	4	细砂糖	150
2	黄柠檬汁	4	5	水	250
3	NH果胶	10	6	明胶	2.5

三、工器具准备

序号	工器具	设备	其他
1	台秤	插盘式冰箱	厨房纸巾
2	粉筛	层炉	食品级手套
3	不锈钢盆	厨师机	抹布
4	软刮刀	均质机	油纸
5	手持打蛋器	电陶炉	
6	方形慕斯模具		
7	烤盘/烤架/金盘		
8	蛋糕刀/抹刀		
9	脱模喷枪		
10	量杯		

典型工作环节二

任务实施

实施环节	实施步骤	实施图片	知识点/技能点
(一) 调制淋面	1. 芒果果茸、黄柠檬汁和水放入厚底锅中；NH果胶加细砂糖混匀，再加入果茸中充分搅打均匀，盖上盖子静置5min。		**知识点：** 果胶属于植物多糖。添加果胶起到增稠以及提升产品光泽度的作用。 **技能点：** 1. 果胶在加入液体前和细砂糖混匀能避免果胶产生结块。 2. 明胶溶解温度不宜过高，否则会降低其凝胶性。 3. 放入均质机时要慢，可倾斜放入避免产生气泡。
	2. 倒入奶锅中煮沸后离火，搅拌降温至80℃左右，加入挤干水分的明胶，充分搅拌至完全熔化。	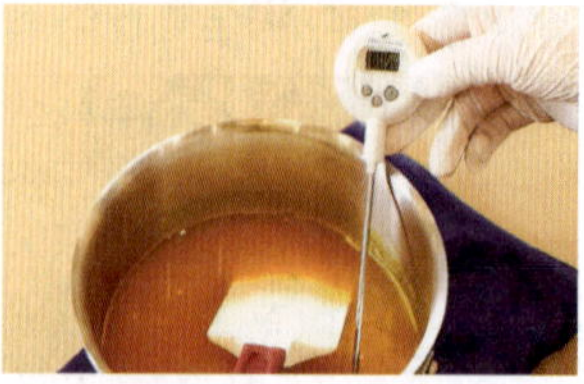	

实施环节	实施步骤	实施图片	知识点/技能点
（一）调制淋面	3. 过筛后倒入量杯中，趁热均质，之后保鲜膜贴面，冷却至室温后冷藏保存24h。		
（二）制作蛋糕底	1. 蛋黄、牛乳和色拉油搅匀，加香草精，过筛后的低筋粉分三次加入，搅拌至无颗粒状态再加下一次。		**知识点：**参照戚风蛋糕实训任务。 **技能点：**参照戚风蛋糕实训任务。
	2. 打发蛋清，细砂糖分3次加入（先加1/3，待蛋清全部变成浓稠泡沫时再加1/3，接近湿性发泡时加最后1/3），打发至中性发泡。	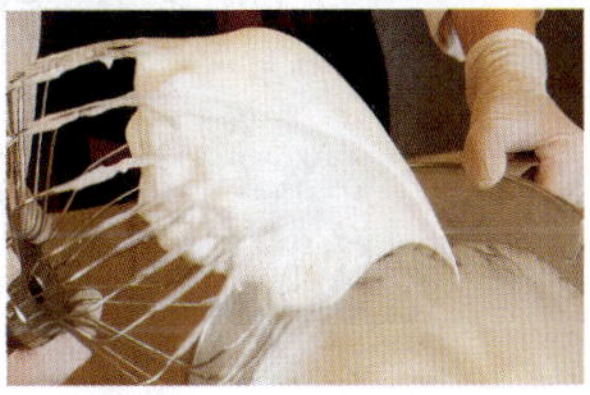	
	3. 取1/3的蛋白霜部分加入蛋黄部分，采用刮刀翻拌的手法混匀后再将其倒入剩余的2/3蛋白霜中，以同样的手法混匀注意。		
	4. 烤盘中垫油纸，将蛋糕糊倒入，再抹平表面，并从20cm高处振盘2次，上下火190℃带网架烘烤约18min。	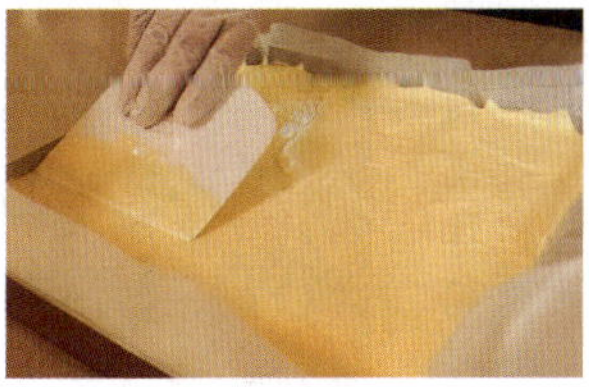	**技能点：**采用方形烤盘烘烤蛋糕，要注意先将蛋糕糊填满烤盘的四个角，避免烤出的蛋糕不是方形。
	5. 出炉后从20cm处振盘，脱除热气；然后连蛋糕纸一起取出，置于冷却架上冷却。		

实施环节	实施步骤	实施图片	知识点/技能点
（三）制作慕斯糊	1. 提前10min将明胶放入冰水中软化。	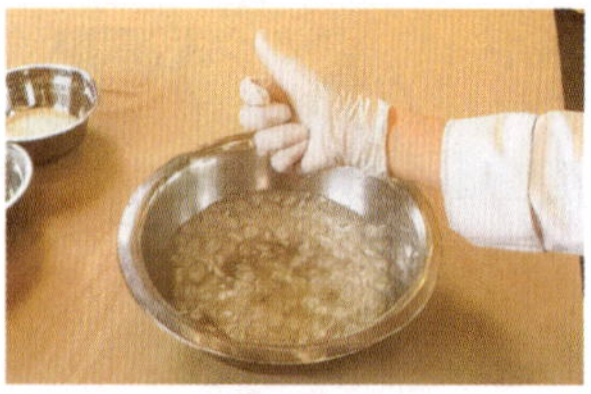	**知识点：** 1. 明胶是一种蛋白质。明胶的熔化温度为50℃左右，因此，加热至60℃以便明胶能充分熔化。 2. 用高温糖浆冲入蛋清进行打发，被称为制作意式蛋白霜。 3. 糖浆煮至117～118℃比较适合用于制作意式蛋白霜，原因请参考本模块必备知识部分。
	2. 芒果果茸隔水加热至60℃，将泡软的明胶挤干表面水分后加入，充分搅拌溶解。		
	3. 将慕斯糊配方中的蛋清置于厨师机中，使用4档（中速）打发。		
	4. 蛋清打发同时在锅中放配方细砂糖量1/4的水，倒入细砂糖，用中火煮糖浆并使用温度计实时检测温度，熬煮过程中可轻晃，但不要搅拌，当温度达到117℃时，立即离火。		**技能点：** 1. 提前将蛋清打发至目标状态能缩短加入热糖浆后的打发时间。 2. 高速打发奶油只能打出软峰并且发泡不稳定，而用中速打发奶油，可以获得更好的充气效果和泡沫稳定性。 3. 奶油的最佳打发温度为冷藏温度，所以打发前取出即可。 4. 6成发的状态是出现纹路，且纹路不会立即消失。
	5. 将糖浆缓缓倒入已接近湿性发泡的蛋清中，同时将厨师机速度调至最大，快速打发至湿性发泡。		
	6. 将蛋白霜加入第2步的芒果果茸中，先用手持打蛋器以“之”字形搅拌至大理石纹样，再用刮刀充分搅拌均匀。		

实施环节	实施步骤	实施图片	知识点/技能点
（三）制作慕斯糊	7. 打发淡奶油至6成发，将其加入上述果茸中，先用手持打蛋器搅拌，再用刮刀充分搅拌均匀。	 	
（四）成型	1. 在冷却的蛋糕底切出慕斯模具相应大小的底坯，不要直接用模具压，而要用蛋糕刀切，以确保截面的完整。	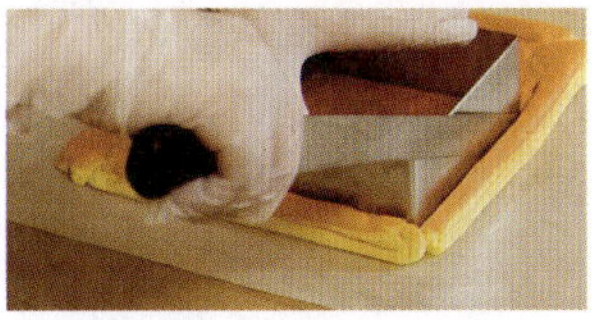	**技能点：** 1. 本实训是一层蛋糕底，如果需要在中间多放一层蛋糕坯，则需要分次冷冻，避免因慕斯浆流动性大造成蛋糕坯上浮。 2. 上方倒入慕斯浆后，应先搅动四周保证四个边和四个角充满浆体，避免脱模后存在空隙影响外观。 3. 淋面回温是为了恢复流动性，所以无需过高回温。放入均质机时依然要慢，可倾斜放入避免产生气泡。 4. 淋面时，慕斯应处于冻结状态，水果淋面使用温度为27～30℃，巧克力淋面使用温度为32～35℃。
	2. 将蛋糕坯放置在模具底部，在上方倒入慕斯浆，然后用抹刀抹平，放入冰箱冷冻30min。	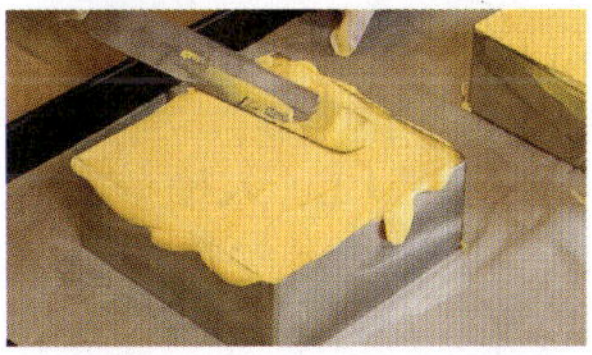	
	3. 取出淋面，用均质机去除内部气泡，回温或隔水加热至30℃左右。	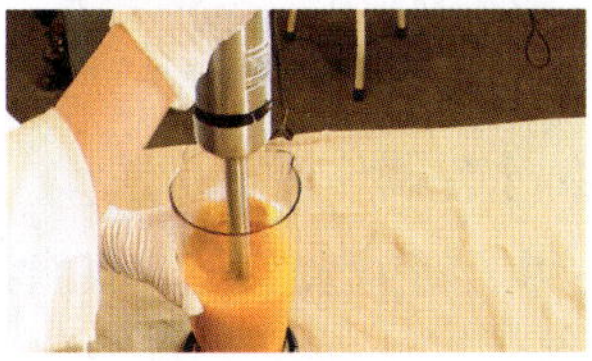	
	4. 取出定形的慕斯蛋糕，用围边围起超出模具3mm高，将淋面均匀淋在蛋糕表面，随后再次放入冰箱冷冻10min。		
（五）装饰	1. 取出冻好的蛋糕，去除围边和底部油纸（若有），使用脱模喷枪沿着模具四周进行加热脱模。 2. 脱模后转移至盛放托盘。		**技能点：** 1. 火焰的外焰温度最高，应利用好这个特性尽量缩短脱模时间。 2. 喷枪加热使得慕斯与模具接触的部分熔化，从而实现快速脱模。因此应该加热非蛋糕底部分。此外，应注意不要加热到表面，会导致淋面熔化，影响外观。

典型工作环节三

问题反思及产品评价

一、常见问题及原因

1. 慕斯无法成型

无法成型的原因主要是以下两种：（1）慕斯浆过稀，过稀的原因包括胶凝剂过少、奶油没有打发至出现纹路等，过稀导致慕斯无法完全凝固，没有足够的硬度，导致脱模时候慕斯不易剥离模具甚至变形；（2）冷冻时间不够，胶凝剂还未充分起到作用。

2. 慕斯表面不光滑

慕斯表面不光滑主要有以下原因：（1）入模前慕斯浆温度过低。若在入模之前慕斯浆温度过低，就会提前开始凝结，导致慕斯浆过于黏稠，从而使得入模时会产生气孔，呈现出不光滑的表面；（2）没有预先将边角充满慕斯浆。当慕斯浆的流动性不足时，更需要在慕斯浆入模后先搅动边角处避免空隙产生。同时，在慕斯浆入模后，可以通过轻振模具，让其更均匀地填满整个模具内部；（3）使用了新鲜水果制作而不是果茸。新鲜水果可以用于制作慕斯，但需要搅打成光滑细腻的状态，如果使用了新鲜水果，但没能将原料处理至细腻状态就会导致表面不光滑。

3. 慕斯口感不够轻盈

如上所述，慕斯浆制作完成后会因为温度较低而产生凝结，此时可以通过重新加热慕斯浆来提升流动性，此举可保证产品具有良好的外观，但重新加热会导致气泡流失，使得最终产品的口感比较扎实，不够轻盈。另外，胶凝剂添加量过多也会导致口感不够轻盈。

4. 慕斯口感发干

慕斯口感发干主要有以下原因：（1）慕斯在冷冻或冷藏过程中没有做好防止失水的措施，比如没有采用合适的包装导致失水过多，从而使得口感发干；（2）冻藏时间过久。无论口感多么细腻顺滑的慕斯，冻藏时间过久都会失去原先的口感，这主要是因为胶凝剂和水分形成的网络结构逐渐失去；（3）蛋清和淡奶油打发过度也会导致慕斯口感发干。

二、感官评价

序号	指标	情况描述	分值范围	得分
1	外观（40分）	淋面厚薄均匀，色泽光亮无气泡；慕斯部分有一定的光泽，且四周光滑无孔洞；蛋糕坯厚度均匀，截面完整	35～40	
		淋面光亮，厚薄相对均匀，有少量气泡；慕斯部分四周相对光滑，无明显大气泡；蛋糕坯厚度均匀，截面比较完整	25～35	
		淋面厚薄不均，光泽不够，有明显气泡；慕斯部分有明显大气泡，四周不光滑；蛋糕坯厚度不均，截面不够完整	10～25	
2	质构（30分）	整体凝固效果好，回温至冷藏温度不会塌陷，截面组织细腻光滑、层次分明，切块时慕斯正常抖动但不破碎	25～30	
		整体凝固，回温至冷藏温度不会塌陷，截面组织较为细腻，切块时慕斯抖动较小，质构稍硬	15～25	
		整体凝固效果差，回温至冷藏温度中间有塌陷，截面组织有不均匀气孔，切块时慕斯结构易散落，质构过软	5～15	
3	口感（30分）	口感细腻、顺滑，芒果风味突出，甜酸比适中，三层组织之间的口感搭配协调	25～30	
		口感比较顺滑，略有偏干，甜酸比基本适中，三层组织结构之间口感搭配比较协调	15～25	
		口感偏干或过软，甜酸比过大或过小，三层组织结构之间口感搭配不协调	5～15	

典型工作环节四

课后巩固与拓展

一、巩固练习

1. 为什么在使用果胶时需要预先和砂糖混合？
2. 明胶使用前为什么要泡冰水？
3. 请你说一说，如果蛋清和淡奶油打发过度，加入到慕斯浆中会使慕斯口感发生怎样的改变？

4．在慕斯制作过程中，混合果茸和打发的奶油时，你是选择将奶油倒入果茸中还是将果茸倒入奶油中？请你试试这两种操作，并说明其最终产品有什么不同。

二、拓展资源

请扫码观看提拉米苏和柠檬夏洛特微课。

提拉米苏微课　　柠檬夏洛特微课

除水果慕斯之外，比较常见的还有茶慕斯和巧克力慕斯，茶慕斯中的抹茶慕斯和红茶慕斯受欢迎程度较高。慕斯加工过程步骤较多，费时费力，因此，由工厂集中加工生产，再采用冷链运输，是目前慕斯产品的主要生产方式。慕斯是低温成型，用不同造型的模具可以得到造型各异的慕斯产品，最有特色的当数水果造型，比如苹果、柠檬等，同时将淋面的颜色做成类似水果的颜色，实现逼真的效果。

慕斯产品的层次对口感影响显著，以巧克力慕斯为例，使用巧克力蛋糕底结合巧克力慕斯层及巧克力淋面的三层结构或五层结构最为常见，如果在其中增加巧克力脆和巧克力榛子酱，其口感层次会有明显提升。编者团队依托国家荔枝龙眼产业技术体系深圳综合试验站平台，以新鲜荔枝为原料，研发了荔枝慕斯，荔枝含糖量高、果胶含量低，含糖高需要酸度大的水果进行配伍，果胶少意味着要添加更多的明胶片才能成型，经过多次配方调整和工艺优化，研发制作了荔枝覆盆子慕斯。荔枝是岭南特色水果，我国幅员辽阔、各地特产丰富，采用地方特色水果来开发慕斯新产品不失为一个很好的思路。

荔枝覆盆子慕斯

模块三

饼干加工

学习目标

知识目标

1. 掌握饼干脆性和柔软性的影响因素；掌握饼干咀嚼性产生的原因；掌握影响饼干面糊延展性的因素；掌握饼干烘烤过程中的注意事项。
2. 熟悉各类饼干的特点；熟悉饼干常用膨松剂的特点；熟悉不同类饼干烘烤终点的判断。
3. 了解饼干的分类和基本特性。

技能目标

1. 能对常见的饼干产品进行分类。
2. 能初步根据饼干特性需求调整配方和工艺；能针对饼干烘烤中的常见问题进行分析并做出调整。

素质目标

1. 通过学习校烘焙协会研发专属饼干的案例，感受工匠精神。
2. 通过了解和学习蛋黄酥、桃酥等传统食品，理解传统食品中对油脂的使用，结合目前行业中此类产品的创新，树立文化自信及创新精神。

必备知识

一、饼干的分类及辅料

1. 饼干的分类

饼干可以被认为是含水量更低的小蛋糕，有些饼干就是采用蛋糕糊烘焙而成的，比如手指饼干、马卡龙等。也有人把饼干理解为再次烘烤的面包，比如再次烘烤的调味法棍切片等。不论如何理解，从工艺上说，大部分饼干和蛋糕更为接近。

根据GB/T 20980—2021《饼干质量通则》，可按加工工艺将饼干分为酥性饼干、韧性饼干、发酵饼干、曲奇饼干等13类；也可按照工艺特点将饼干分为一般饼干、发酵饼干、派类和其他深加工饼干。对于手工饼干来说，可以根据饼干面糊的搅拌方法分为一阶段法、乳化法和海绵法；还可以根据成型方法分为挤制型、冷藏型、滴落型、条状型、擀制型、片状型、压制型和模板型8种。本模块选择了受消费者欢迎的曲奇饼干、发酵饼干（苏打饼干）和海绵法饼干（马卡龙）来进行详细介绍。

（1）曲奇饼干 曲奇饼干以面粉、糖、油脂为主要原料制作而成，一般以口感酥脆型居多，也可以通过添加糖浆制作软曲奇。曲奇饼干一般采用乳化法制作，即先将油脂和糖一起搅打（可以只搅匀不打发，也可以打发至不同的程度），再加入鸡蛋等其他物料混匀，最后加入面粉混合均匀。曲奇面糊制作时，水量太多或搅拌太久均容易形成面筋，因此要注意控制含水量，避免面筋的形成。

曲奇面糊是高糖高油脂的，将部分糖粉换成糖浆便会得到软曲奇。因为糖浆在室温下具有流动性，所以烘烤后再降到室温，就会使得曲奇的口感偏软。反之，如果要获得酥脆的曲奇产品，就不能添加过多糖浆或蜂蜜。另外，曲奇产品的成型要根据面糊特点选择不同的工艺，如果面糊较软，可采用挤制成型的方法；如果面糊较硬，可采用滚印或切片成型的方法。

（2）发酵饼干 苏打饼干是典型的发酵饼干。它的制作工艺是先在面粉中加入酵母，调制成团后进行发酵，再将发酵面团用于搅打主面团，主面团经过短时间发酵后成型。制作一次发酵面团时，可以按需要加入酵母营养剂、老面团、麦芽粉或其他淀粉酶辅料。面团需放置于恒温恒湿的环境中醒发，若发酵过度会导致面团酸度过大，影响面团质量。制作二次发酵面团时，需要加入新的面粉和小苏打及其他辅料。要注意使小苏打分布均匀，还要注意搅拌机的速度和面筋程度。面团搅拌后移入恒温恒湿的环境中再次醒发后擀压成型。也可以采用一次发酵法工艺来制作苏打饼干。

（3）海绵法饼干 马卡龙是典型的海绵法饼干，又被称为蛋白杏仁小饼干，但这个名称也是不准确的，因为配方中添加的是扁桃仁粉，而非杏仁粉。马卡龙有法式和意式之分，它们的差异在于蛋清的打发方法不同。法式马卡龙直接打发蛋清，操作简单，但打发后的蛋白霜稳定性差，失败率高；意式马卡龙采用高温糖浆打发蛋清，操作复杂，需要更多耐心，但打发后的蛋白霜稳定，后期搅拌过程中对搅拌手法的容错性较高，因此成功率高。

（4）韧性饼干　韧性饼干中油脂和砂糖的用量较少，因此在调制面团时容易形成面筋。韧性饼干的面团需要有良好的延展性和可塑性，面筋的弹性和强度不宜过大，避免在加工过程中出现面坯断裂、成品形状不规则等问题。

动物饼干、小圆饼干等都属于韧性饼干。韧性饼干的面团要经过多次压延操作，再滚印成型，所以成品具有层状的面筋组织，断面是整齐的层状结构。成型时要用针孔模具对面团进行打孔，防止饼干表面产生气泡，最后的成品饼干质量轻，口感松脆。

2. 饼干的辅料

饼干的主要原料有面粉、糖、油脂、鸡蛋、盐等，常用的辅料有可可粉、抹茶粉、蛋黄粉、乳酪粉、椰蓉、果干等风味物质，以及铵盐、小苏打等膨松剂。辅料的添加量不宜过大，比如蛋黄粉添加量过大会使饼干有明显的蛋腥味，干酪粉添加过量会导致饼干在加工过程中起团。

饼干加工常用的膨松剂有小苏打和泡打粉，有时也会用到碳酸氢铵和碳酸铵。铵盐在较低的温度加热就能完全分解，产生二氧化碳和氨气，两者都是气体，所以铵盐的膨松能力更强。铵盐的分解反应式如下：

$$NH_4HCO_3 \rightarrow NH_3\uparrow + CO_2\uparrow + H_2O$$

$$(NH_4)_2CO_3 \rightarrow 2NH_3\uparrow + CO_2 + H_2O$$

氨的水溶性较强，如果铵盐用于面包、蛋糕等含水较高的产品中，烘烤后一部分氨会留在成品中，使得成品带有氨臭味，所以铵盐只适用于含水量低的食品。饼干就是典型的低含水量产品，我国传统点心桃酥也使用了铵盐作为膨松剂。

饼干中可能还会添加适量淀粉降低面粉的筋性，使制作出的饼干更加酥脆。常用的淀粉有玉米淀粉（粟粉）和马铃薯淀粉等。

案例3-1　对比传统桃酥和改良桃酥配方及加工后的产品品质。两种配方如表3-1和表3-2所示，加工出的成品如图3-1所示。

表3-1　传统桃酥配方

序号	原料	质量/g
1	低筋粉	500
2	臭粉（碳酸氢铵）	5
3	小苏打	3

续表

序号	原料	质量/g
4	细砂糖	200
5	盐	4
6	鸡蛋	100
7	核桃仁	50
8	猪油	250

表3-2 改良桃酥配方

序号	原料	质量/g
1	低筋粉	500
2	泡打粉	6
3	小苏打	4
4	细砂糖	100
5	糖粉	150
6	盐	2
7	鸡蛋	100
8	核桃仁	200
9	黑芝麻	40
10	起酥油	300

从配方的对比可知，传统桃酥使用猪油，改良后的配方使用了起酥油。猪油是猪的脂肪，在我国传统点心中使用非常多，比如蛋黄酥、潮汕绿豆饼等。在起酥油兴起之前，猪油一直被用于点心的制作，起酥效果较好，且有独特香味。传统桃酥配方使用了臭粉和小苏打作为膨松剂，改良配方中将臭粉换成了泡打粉。两种配方制作出的产品见图3-1，改良后的桃酥酥性更好，呈现酥脆口感，而传统桃酥因猪油呈现液态制作出的面团较湿，烤后略硬一些，呈硬脆口感。

图3-1 两种配方加工的桃酥产品
（左边为改良版，右边为传统桃酥）

课后拓展

1. 到超市饼干专区，看看这些饼干该如何分类。

2. 对比酥脆曲奇和软曲奇配方，说说两种配方之间的差异。

3. 目前市场上有一些以传统点心桃酥为主打的连锁烘焙店，请参照门店桃酥的外形和口感，对桃酥配方进行调整和试做。

二、饼干的特性及其影响因素

饼干的种类很多，有些酥脆，有些松软；有些饼干烘焙后能保持原状、不变形或很少变形，但有些饼干烘焙后又能自然散开。那么是哪些因素影响了这些不同的特性呢？了解这些特性产生的原因有助于分析饼干加工过程中出现的问题并进行正确的调整。

1. 脆性

影响饼干脆性的因素有以下几点。

（1）水分含量 水分含量高易产生面筋，面筋会使口感变韧，从而失去脆性；水分含量较低容易获得酥脆的口感。

（2）油脂含量 油脂含量高，饼干口感偏酥性；油脂含量低，饼干口感偏脆性。油脂含量的高低会影响面糊的软硬度大小，油脂含量高需减少其他湿性材料的用量，油脂含量低需增加其他湿性材料的用量。

（3）糖含量 制作饼干一般使用蔗糖，包括细砂糖、糖粉、赤砂糖等。糖含量高，饼干偏脆性；糖含量低，饼干偏酥性。糖用量高会使饼干容易上色，但上色过快容易导致饼干烘烤不足，水分含量偏高，影响口感。

（4）烘焙时间 烘焙时间长，蒸发掉的水分多，饼干口感偏脆。应控制合适的烘焙温度，否则产品极易焦煳。

（5）饼干的厚度和尺寸 厚度过大，内部水分难以去除，导致饼干不脆甚至没烤熟。尺寸不均匀，会导致饼干的成熟时间不一致，影响口感。

（6）防潮储存 饼干基本都是多孔状结构，放置于空气中很容易吸湿，造成脆度下降，保质期缩短，因此饼干需要进行防潮储存。

2. 柔软性

软曲奇类产品一般具有柔软的口感，柔软性是和脆性相反的性质。影响饼柔软性的因素同样影响脆性，前五个因素与脆性影响因素相反，第六个影响因素相同，即柔软性饼干也需要防潮储存。此外，柔软性还与配方中是否含有糖浆有关，糖浆具有流动性和吸湿性，因此制作软曲奇时常添加适量糖浆。

3. 咀嚼性

咀嚼性也可以称作嚼劲，以下因素会明显影响咀嚼性。

（1）鸡蛋含量较高 鸡蛋具有多重性质，鸡蛋中含有蛋白质，是硬性材料，但同时也含有脂肪，属于软性材料，整体对饼干的影响是使咀嚼性增加。

（2）使用高筋粉 虽然绝大多数饼干使用低筋粉，但并不意味着高筋粉不能使用；相反，使用适量高筋粉，让面糊在搅拌时产生一部分面筋，会让饼干更有嚼劲。

4. 膨胀性

影响饼干面糊膨胀性的因素如下。

（1）油脂打发程度 油脂和糖打发的过程中会裹入大量空气。打发程度高，饼干的膨胀性就强；相反，如果只混合不打发，膨胀性就弱。由此可知，采取油脂和糖混合的工艺（而非打发），可以使饼干不发生膨胀或较少发生膨胀。

（2）水分含量 面糊中含水量高，膨胀性就强，因此降低配方水分含量可实现面糊的低膨胀。

（3）面粉的筋性 使用低筋粉的膨胀性比使用高筋粉要强，即筋性强的面粉会降低饼干的膨胀性，这也是有些饼干配方中会添加一部分高筋粉的原因。

（4）膨松剂 添加了膨松剂的饼干膨胀性会明显增加，比如传统饼干桃酥就需要添加碳酸氢氨（臭粉）或小苏打。

（5）糖的含量和种类 高含糖量能增加膨胀性，粗砂糖比细砂糖更能促进膨胀，若要降低膨胀，则需要使用细砂糖或糖粉，并且减少糖的比例。

（6）烘焙温度 在一定的温度范围内，温度降低会增加膨胀能力，温度升高则会降低膨胀能力，因为高温下饼干定形较快，在完全膨胀前就已定形。

（7）烤盘涂油 烤盘内表面刷油会增加饼干的膨胀性。如果刷油之后又担心膨胀过大，可撒一层面粉来降低膨胀。

案例3-2 制作珍妮曲奇。珍妮曲奇的配方如表3-3所示，使用该配方和全部使用低筋粉两个配方，制作流程相同，最后分别采用层炉和风炉烘烤，得到四种不同的曲奇产品，曲奇成品如图3-2和图3-3所示。

表3-3　珍妮曲奇配方

序号	原料	质量/g
1	高筋粉	65
2	低筋粉	130
3	玉米淀粉	60
4	乳粉	10
5	糖粉	53
6	盐	1.5
7	黄油	200

（1）层炉产品　　（2）风炉产品

图3-2　层炉和风炉烘烤的珍妮曲奇

珍妮曲奇是一款几乎不需要膨胀的饼干，烘烤后的形状最好能保持原来的状态。从图3-2中可知，风炉烘烤对饼干形状的保持效果更好，这是因为风炉能够快速带走烘烤过程中产生的水蒸气，使饼干更快定形。对于要求成品酥脆的饼干而言，风炉是比层炉更好的选择。

（1）层炉产品　　（2）风炉产品

图3-3　未添加高筋粉的珍妮曲奇

将配方中的高筋粉全部换成低筋粉，得到的产品如图3-3所示。结合饼干膨胀性的影响因素可知，采用高筋粉可降低饼干的膨胀，因此图3-2中曲奇的形状比图3-3中的曲奇保持得好。

课后拓展

1. 请先制作本模块实训任务中的柠檬曲奇产品，如果希望这款曲奇更好地保持原来的形状，则应如何调整配方和工艺？

2. 请对比柠檬曲奇和珍妮曲奇的配方和工艺，说说它们的差异在哪里。

3. 制作曲奇饼干时，黄油不能软化过度，请分析原因。

三、饼干烘烤要点

大多数饼干都是在高温短时间内烘烤完成的，这里所说的高温是相对概念。事实上，对比面包、蛋糕和饼干的烘烤温度，一般面包最高，蛋糕其次，饼干最低，饼干的烘烤温度在150～180℃。饼干具有尺寸较小、含水量较低等特点，因此在烘烤过程中有如下需要注意的特殊事项。

1. 底部易焦煳

曲奇等含油脂量较高的饼干底部容易焦煳，可采用风炉烘烤或降低烘烤温度。

2. 烘烤终点判断

对于原味饼干，可通过上色情况，结合烘烤温度和时间判断是否成熟，一般表面为金黄色即可取出。如果是有颜色的饼干则不能用此方法，比如添加了抹茶或巧克力的饼干等。抹茶饼干等需要保持原来颜色的饼干需要适当降低烘烤温度，延长烘烤时间。巧克力饼干等颜色较深的饼干可以参考原味饼干的烘烤温度和时间来进行判断。另外，饼干尺寸较小，受温度影响较大，出炉后留在烤盘中冷却，余温会使饼干颜色进一步加深。因此，在判断烘烤终点时，应综合考虑烤盘余温的影响。

3. 烘烤温度

烘烤温度过高会导致饼干的膨胀性降低，并且会在烘烤后期导致饼干边缘颜色过深甚至出现焦煳。此外，烘烤温度过高会使饼干上色较快，导致烘烤时间较短，成品水分较高，影响口感。烘烤温度过低会导致饼干膨胀性升高，但需要的烘烤时间长，且上色较浅，影响产品色泽。

案例3-3 制作抹茶曲奇。采用的配方见表3-4所示，配方和工艺流程均相同，烘烤温度也相同，为风炉155℃，但烘烤时间不同，不同产品如图3-4所示。

表3-4　抹茶曲奇配方

序号	原料	质量/g
1	低筋粉	145
2	糖粉	55
3	盐	1
4	抹茶粉	5
5	黄油	100
6	淡奶油	70

一般来说，抹茶曲奇中抹茶粉比例为总面粉比例的3%～5%，用抹茶粉替换等量的面粉即可。从图3-4中可以看出，烘烤15min的抹茶曲奇，抹茶原有的绿色消退非常明显，且产生棕褐色，导致产品色泽明显劣于烘烤12min的产品。

（1）烘烤12min　　（2）烘烤15min

图3-4　不同烘烤时间的抹茶曲奇

同样的配方、步骤和烘烤条件，使用不同的烤炉，其烘烤时间会有所不同，这是由烤炉控温精确度的差异所致。因此在正式烘烤成品前，要对使用的烤炉有准确地认识。如果烘烤温度偏高或偏低，一般以10℃为间隔来进行调整。

课后拓展

1. 想要制作酥脆的饼干，要从哪些方面考虑？
2. 饼干加工中，为什么尺寸和厚度一致很重要？
3. 分别采用层炉和风炉烘烤同一配方原味曲奇，请你比较两种成品的品质。

实训任务一 加工柠檬曲奇

任务目标

知识目标

1. 掌握黄油打发原理。
2. 理解曲奇配方。

能力目标

1. 能判断黄油打发的程度。
2. 能将面糊均匀地挤制成型。
3. 能评价曲奇成品的感官品质并分析出现的问题。

曲奇饼干成品图

素质目标

1. 通过解读曲奇配方，思考原料与品质的关系，感受科学精神。
2. 通过曲奇挤制环节的不断练习，体悟工匠精神。

任务描述

曲奇饼干也称为曲奇，是英文cookie的音译，因酥脆、味美而深受人们喜爱，成为饼干大家族的重要分支。曲奇以小麦粉、糖、油脂为主要原料，由此可知，产品中油脂和糖的比例都相对较高。常见的曲奇一般是酥脆型的，但软曲奇也是曲奇的一类，对曲奇饼干来说，黄油比例高、含水量低、使用糖粉而不用糖浆等会得到酥脆型曲奇，相反则会得到较软的曲奇。

典型工作环节一

任务准备

一、微课预习

请扫码观看柠檬曲奇微课，观看后请扫码完成相关预习题。

柠檬曲奇微课　　柠檬曲奇预习题

二、原辅料准备

柠檬曲奇配方

序号	原料	质量/g	烘焙百分比/%	序号	原料	质量/g	烘焙百分比/%
1	黄油	461	92.2	4	熟蛋黄	130	26
2	盐	1	0.2	5	新鲜柠檬丝	6	1.2
3	糖粉	250	50	6	低筋粉	500	100

三、工器具准备

序号	工器具	设备	其他
1	台秤	厨师机	厨房纸巾
2	不锈钢盆	层炉	裱花袋
3	橡胶刮刀	电磁炉	食品级手套
4	筛网		抹布
5	刨子		
6	花嘴		
7	烤盘		

典型工作环节二

任务实施

实施环节	实施步骤	实施图片	知识点/技能点
（一） 物料准备	1. 黄油室温软化至下压变形。 **注意：**需要室温软化，不能加热软化。		**知识点：** 黄油软化后易打发，且光泽度好。黄油熔化后持气能力会下降，因此一般不熔化黄油。
	2. 糖粉和低筋粉分别过筛备用。		**知识点：** 加工饼干时，粉类物质均需要过筛，有两个目的：避免粉类物质因结块而影响产品品质；使粉类物质更疏松从而增加饼干的酥松感。
	3. 将黄色柠檬表皮刨成新鲜柠檬丝，如不够碎可继续切碎，避免后期因柠檬丝过大堵住花嘴。		
	4. 鸡蛋煮熟，冷却，剥出蛋黄，打散备用。		**知识点：** 水沸腾后，鸡蛋煮10min，蛋黄能全部凝固，煮6min的鸡蛋蛋黄部分凝固，一般用于制作沙拉。
（二） 制作面糊	1. 将黄油、糖粉和盐倒入厨师机中，先慢速搅匀，再快速打发。		**技能点：** 为了确保搅打均匀，可多次停机将物料铲起再继续搅打。
	2. 中速结合高速将黄油打发。		**技能点：** 黄油打发完成的判断依据：黄油颜色从乳黄色逐渐变成乳白色，体积增大，质地细腻，出现羽毛状。羽毛状是搅拌器快速打过的黄油，带起类似羽毛的形状。

实施环节	实施步骤	实施图片	知识点/技能点
（二）制作面糊	3. 加入打散后的蛋黄和柠檬碎，慢速搅拌均匀。		
	4. 缓缓加入低筋粉，慢速搅匀，混匀后立即停止搅拌。		**技能点：** 加入低筋粉低速拌匀即可停机，不能搅拌过度，否则会产生面筋，影响饼干酥脆性。
（三）挤制成型	1. 选择一个中号裱花嘴，装入裱花袋中。	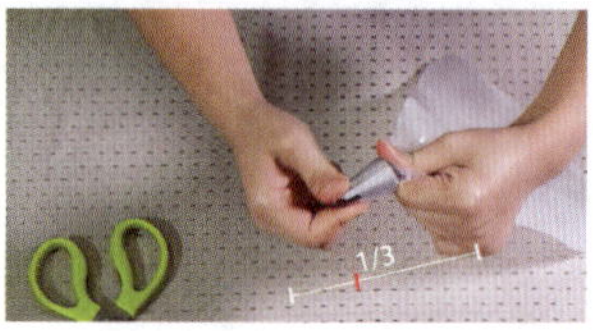	**技能点：** 1. 裱花袋剪口时，以花嘴露出的长度为整个花嘴的1/3为佳。 2. 面糊装入裱花袋时，一次不能装太满，便于挤制成型。 3. 挤制成型时，裱花袋尽量与烤盘保持垂直，花嘴与烤盘间的高度要相对固定，挤制完成后，先停止用力，再将裱花袋移开。 4. 同一烤盘中的饼干糊要保持大小、厚度均匀一致。
	2. 将面糊放入裱花袋中，在烤盘上挤出相应的造型（可选择不同的花嘴来挤制不同的形状），注意饼干糊之间要有足够的空隙。		
（四）烘烤	层炉烘烤，上下火170℃，在烤盘下方垫上烤架，烤至表面金黄即可取出，时间约15min。		**技能点：** 1. 烤盘下方垫烤架的目的是防止饼干底部颜色过深。 2. 为确保同一烤盘中的饼干颜色一致，在烤制过程中可进行倒盘处理。
（五）冷却	取出后放置于烤架上冷却，冷却至室温后可进行包装。		**知识点：** 刚出炉的饼干并不酥脆，这是因为高温下糖具有流动性，此外，热气也未充分散去，需等到冷却后才有酥脆的口感。

典型工作环节三

问题反思及产品评价

一、常见问题及原因

1. 曲奇纹路不清晰

饼干纹路不清晰有以下原因：（1）黄油软化过度，导致面糊过软、易塌陷；（2）黄油打发过度，对饼干糊的支撑性不足，花纹容易消失；（3）使用层炉烘烤未能及时将饼干定形，导致纹路不够清晰。

2. 曲奇口感偏硬

影响曲奇饼干口感的原因有：（1）黄油打发程度。完全不打发黄油，曲奇硬脆，黄油打发程度越高，曲奇越酥脆；（2）加入低筋面粉拌匀后仍继续搅拌，产生面筋，导致饼干口感偏硬；（3）饼干面糊搅拌完成后长时间静置不使用，也容易产生面筋，导致饼干口感偏硬。

3. 曲奇颜色过深

曲奇底部颜色过深主要有两个原因：（1）底火温度过高，可以调低底火温度或下方垫烤架；（2）烤盘中曲奇数量较少、分布不均匀。

曲奇整体颜色过深主要有两个原因：（1）烘烤时间过长或烘烤温度过高；（2）曲奇从烤箱取出后烤盘仍有余温，会使得曲奇颜色继续加深，因此，取出时曲奇颜色可稍浅，用余温达到目标颜色。

4. 曲奇中间部分没熟

曲奇中间部分没熟主要是由于饼干面糊的厚度过大或者同一烤盘中曲奇厚薄不均。对常用的烤炉而言，无论是传导加热，还是辐射加热，都是从曲奇外部向内部传热，当厚度过大时，在固定时间内，没有足够的热量达到中心部分，因此就会出现不熟的现象。此时，可以降低烘烤温度，延长烘烤时间。

二、感官评价

序号	指标	情况描述	分值范围	得分
1	外观（40分）	颜色呈金黄色，色泽均匀，花纹与饼体边缘为金黄色至浅褐色；外观完整，纹路清晰，大小厚薄均匀	35～40	
		颜色呈褐色或浅黄色，色泽比较均匀，外观完整，纹路比较清晰，大小厚薄基本均匀	25～35	
		颜色呈深褐色或浅黄色，色泽不均匀，纹路不够清晰，大小厚薄不均匀	10～25	
2	质构（30分）	断开时有酥脆感，断面结构均匀，呈细密的多孔状	25～30	
		断开时有硬脆感或过于酥松，断面结构比较均匀，基本呈细密的多孔状	15～25	
		断开时饼干过硬或破碎明显，断面结构不均匀	5～15	
3	口感（30分）	有明显的黄油香气和面粉香气，口感酥脆、香甜，带有柠檬的香味	25～30	
		有比较明显的黄油香气和面粉香气，口感硬脆、香甜，无软心，无异味	15～25	
		焦香明显，酥脆但有微苦的口感／香气不足，不酥脆，有软心	5～15	

典型工作环节四

课后巩固与拓展

一、巩固练习

1. 可以用细砂糖来替代糖粉吗？
2. 为什么黄油只可软化不能熔化？
3. 影响曲奇饼干脆度的因素有哪些？它们是如何影响的？
4. 如果将配方中的低筋粉换成高筋粉，会对曲奇饼干有怎样的影响？
5. 影响曲奇饼干延展性的因素有哪些？针对本次实训，想要使曲奇保持原状，应做如何调整？

二、拓展资源

请扫码观看薄脆曲奇和燕麦椰蓉饼干微课。

薄脆曲奇微课

燕麦椰蓉饼干微课

曲奇是饼干的一个类别，广东是我国曲奇饼干的主要产区，如东莞、中山等地区。作为节日伴手礼，曲奇饼干礼盒也广受消费者欢迎。工业化生产曲奇时，一般采用挤花或切片的方式成型，切片成型的步骤是将饼干面糊挤制成一定的立体形状，再按照要求的厚度进行切片，随后进行烘烤，出炉后进入冷却间冷却，最后进行包装。手工曲奇一般通过挤制和冷冻切片两种方式成型，也可以采用模具压片的方式，但这种方式会花费更多的时间。

曲奇饼干种类丰富，有抹茶曲奇、巧克力曲奇、蔓越莓曲奇等。近年比较流行的珍妮曲奇是一种创新产品，不仅造型新颖、口感也更为酥松，且烘烤过程中形状变化较小，原因可参考饼干的“必备知识”部分。所以，想要对曲奇饼干进行创新，就要掌握各种物料和工艺步骤的作用，知其然，更知其所以然，才能更好地支撑新产品开发。

实训任务二　加工苏打饼干

任务目标

知识目标

1. 掌握一次发酵法和二次发酵法工艺。
2. 理解饼干配方分析及拓展。

苏打饼干成品图

能力目标

1. 能控制苏打饼干的平整外形。
2. 能评价苏打饼干成品的感官品质。
3. 能分析苏打饼干出现的问题。

素质目标

1. 通过对饼干成品气孔、均匀度等评价，感受工匠精神。
2. 通过拓展学习添加小苏打的传统食品，树立文化自信。

任务描述

典型的苏打饼干大部分是正方形或两个正方形连接成长方形，因为加入了小苏打调节面团pH，所以被称为苏打饼干。苏打饼干用无边角料的切割成型机生产，切割成型机会在饼坯之间打孔，便于烘烤时膨胀均匀和散气，使饼干平整及便于单片饼干的分开。苏打饼干面团为发酵面团，这是它区别于其他薄脆饼干的重要特性，其生产工艺一般分为一次发酵法和二次发酵法，二次发酵法包含第一次的中种发酵和第二次主面团发酵。因此，苏打饼干具有浓郁的发酵香味。

典型工作环节一
任务准备

一、微课预习

请扫码观看苏打饼干微课，观看后请扫码完成相关预习题。

苏打饼干
微课

苏打饼干
预习题

二、原辅料准备

原味苏打饼干配方

序号	原料	质量/g	烘焙百分比/%	序号	原料	质量/g	烘焙百分比/%
1	低筋粉	300	100	5	细砂糖	9	3
2	低糖干酵母	3	1	6	牛乳	150	50
3	盐	4.5	1.5	7	黄油	75	25
4	小苏打	3	1				

注：盐多备一些，后期装饰需要。

三、工器具准备

序号	工器具	设备	其他
1	台秤	厨师机	厨房纸巾
2	不锈钢盆	插盘式冰箱	食品级手套
3	橡胶刮刀	开酥机	抹布
4	粉筛	层炉	保鲜膜
5	擀面杖		喷壶
6	打孔器		
7	波浪纹轮刀		
8	烤盘		

典型工作环节二

任务实施

实施环节	实施步骤	实施图片	知识点/技能点
（一）搅打面团	1. 先将干性材料全部混合均匀，牛乳先倒入厨师机，再加干性材料，慢速搅拌混合均匀。		**知识点：** 加工饼干时，粉类物质均需要过筛，防止粉类物质结块以及防止粉类物质中有异物，从而影响产品品质。
	2. 加入软化后的黄油，中速搅拌成团，再快速搅打，至光滑细腻，用保鲜膜盖住，室温醒发30 min。		**知识点：** 苏打饼干的面团为发酵面团，因此搅打后的面团需要先进行发酵。
（二）整形	1. 取出面团，用开酥机进行压延，先稍压扁，撒粉，再压至约3mm厚，进行三折处理。	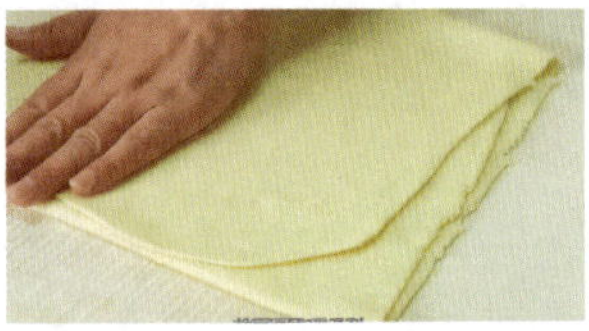	**技能点：** 1. 三折处理是为了饼干更具层次，从而使口感更加酥脆。 2. 因为面团中有酵母的存在，会发酵产气，所以必须采用打孔器打孔，使烘烤过程中产生的气体通过小孔排出，确保饼干外观均匀一致。 3. 喷适量的水是为了饼干表面色泽更光亮。
	2. 将面团整理规则，旋转90° 放置，压至厚度为1 ~ 1.5mm的面片，长约80cm，宽约35cm。		
	3. 将面团卷起，展开至操作台上，擀成规则的长方形。用打孔器对面团打孔，再切除不规则侧边。		
	4. 用波浪纹轮刀切成4cm × 7cm大 小的长方形，将切出的小块摆入烤盘，稍留出间隙即可，在面团表面喷适量的水，撒适量的盐。	 	

实施环节	实施步骤	实施图片	知识点/技能点
（三）烘烤	用层炉烘烤，温度为上火220℃，下火为180℃，时间约为7min。		知识点： 因为苏打饼干较薄，含糖量也较低，为保证饼干表面烤出金黄色，一般上火温度较高。
（四）冷却	将饼干常温冷却，冷却至室温后可进行包装。		知识点： 刚出炉的饼干很软，这是因为热气未充分散去，需等到冷却后才有酥脆的口感。

典型工作环节三

问题反思及产品评价

一、常见问题及原因

1．饼干不够酥脆

饼干不够酥脆有以下几种原因：（1）饼干烘烤不足，包括烘烤时间不够或炉温偏低；（2）饼干厚度较大，导致烘烤不充分；（3）面粉的筋度过高，导致饼干口感偏韧；（4）面团压延过程中未进行折叠，层次不够多使得饼干不够酥脆。

2．饼干外观不规则

饼干外观不规则的主要原因有：（1）面团打孔不够均匀，导致面片局部区域产生较大气泡，或局部区域塌陷；（2）压面过程中未旋转90°，一直朝同一方向压面，会因为筋度过大导致饼干面片收缩、变形；（3）面团筋度过大或底火温度过高，导致饼干四周翘起，失去平整外观。

3．饼干上色不足

饼干上色不足主要有两个原因：（1）烘烤的温度偏低；（2）面团发酵不充分。发酵不充分导致淀粉降解产生的糖类物质较少，影响上色。

4. 饼干掉渣明显

饼干掉渣主要有以下几点原因：（1）面团筋度过低；（2）面团折叠次数过多；（3）油脂的比例过高。

二、感官评价

序号	指标	情况描述	分值范围	得分
1	外观（40分）	颜色呈金黄色或浅黄色，形状平整、方正，厚薄均匀，表面有均匀的气室	35 ~ 40	
		颜色呈褐色或淡黄色，形状比较平整、方正，厚薄基本均匀一致，表面气室基本均匀	25 ~ 35	
		颜色呈深褐色或乳白色，形状不平整，不方正，厚薄不均匀，表面气室大小不均	10 ~ 25	
2	质构（30分）	断开时有酥脆感，断面有清晰层次	25 ~ 30	
		断开时有硬脆感或掉渣明显，断面层次较为清晰	15 ~ 25	
		不易断开或掉渣明显，断面层次不清晰	5 ~ 15	
3	口感（30分）	口感酥脆、微咸，有明显的发酵面香	25 ~ 30	
		口感硬脆或过于疏松，发酵面香味较为明显	15 ~ 25	
		口感僵硬或过于疏松，无发酵面香味	5 ~ 15	

典型工作环节四

课后巩固与拓展

一、巩固练习

1. 一次发酵法和二次发酵法生产的苏打饼干有何区别？
2. 苏打饼干面团为何需要折叠？
3. 苏打饼干烘烤时，上下火温差较大，请解释原因。
4. 苏打饼干表面为何需要均匀打孔？
5. 如果要开发一款新的苏打饼干，你认为可以从哪些方面进行创新？

二、拓展资源

请扫码观看海苔、芝士苏打饼干微课。

海苔、芝士苏打饼干微课

苏打饼干低糖、低油脂，且面团呈弱碱性，是大众观念中比较健康的烘焙产品。和曲奇饼干一样，苏打饼干也早已实现自动化生产，区别在于苏打饼干面团是发酵面团，需要在发酵间进行一次或二次发酵。二次发酵的面团面筋更加松弛，持气能力更为稳定，饼干的质构和口感更好，且两次发酵后再烘烤产生的面香味更加浓郁。

顺应健康的理念，全麦、荞麦、黑麦苏打饼干等产品也应运而生，结合海盐、蔬菜碎、奇亚籽等配料，苏打饼干的口味越来越丰富。另外，可以通过添加具有功能性成分的配料，研发新型苏打饼干，提升苏打饼干的营养价值。

实训任务三　加工马卡龙

任务目标

知识目标

1. 掌握糖的过饱和与马卡龙裙边的关系。
2. 了解马卡龙的产品配方。

马卡龙成品图

能力目标

1. 能正确选用和处理原材料。
2. 能制作干性发泡的意式蛋白霜。
3. 能正确判断晾皮终点。
4. 能评价马卡龙成品的感官品质并分析出现的问题。

素质目标

1. 通过学习马卡龙减糖操作，感受工匠精神。
2. 通过壳与馅料的不同搭配，体会创意创新。

任务描述

喜爱马卡龙的人把马卡龙称之为“小马”，当然，也有人把马卡龙称为“蛋白杏仁小饼干”。传统马卡龙的配料中没有面粉，因此想要顺利成型颇有难度；它的甜度很高，但想降低甜度却不容易，减糖或用其他糖替代，它漂亮的裙边可能就会消失不见；在扁桃仁粉中添加不同颜色的色粉可以做出色彩斑斓的马卡龙。正因为马卡龙外壳甜度高，夹馅的口感以及与外壳的搭配就显得尤为重要。此外，马卡龙外壳的制作方法也在持续改良。

典型工作环节一

任务准备

一、微课预习

请扫码观看马卡龙微课，观看后请扫码完成相关预习题。

马卡龙微课 马卡龙预习题

二、原辅料准备

原味外壳配方

序号	原料	质量/g	备注	序号	原料	质量/g	备注
1	扁桃仁粉	100		5	细砂糖	10	直接加入蛋清打发
2	糖粉	100		6	细砂糖	90	用于制作高温糖浆
3	蛋清	36.5	用于打发	7	水	25	
4	蛋清	36.5	与粉类物质混合				

柠檬夹馅配方

序号	原料	质量/g	序号	原料	质量/g
1	柠檬汁	48	4	全蛋	60
2	柠檬皮碎	9	5	黄油	120
3	细砂糖	63			

柠檬馅中馅配方

序号	原料	质量/g	序号	原料	质量/g
1	黄杏果茸	175	5	糖	10
2	芒果果茸	50	6	NH果胶	5.5
3	黄柠檬皮碎	1/2个柠檬	7	黄柠檬汁	10
4	转化糖	60	8	明胶	4

三、工器具准备

序号	工器具	设备	其他
1	台秤	电动打蛋器	厨房纸巾
2	电子温度计	插盘式冰箱	食品级手套
3	硅胶杯	制冰机	抹布
4	不锈钢盆	风炉	保鲜膜
5	粉筛	电陶炉	一次性裱花袋
6	长柄刮板		油布
7	厚底不锈钢锅		牙签
8	烤盘		
9	保鲜盒		
10	手动打蛋器		

典型工作环节二

任务实施

实施环节	实施步骤	实施图片	知识点/技能点
（一）物料准备及称量	1. 鸡蛋去壳，分出蛋清，保鲜膜封口后用牙签扎孔，放入冰箱冷藏3～5天后使用（不超过7天）。 2. 从冷藏后的蛋清中称取两份36.5g，其中一份直接称量在硅胶杯中。粉类物质过筛称量，其他物料单独称量。		**知识点：** 蛋清冷藏是为了使其老化，老化后的蛋清在后续打发过程中更稳定。
（二）制作外壳	1. 将水倒入不锈钢锅中，加入90g细砂糖，加热，熬煮糖浆至100℃左右。		

实施环节	实施步骤	实施图片	知识点/技能点
（二）制作外壳	2. 此时，将10g细砂糖加入硅胶杯的蛋清中，用手持电动打蛋器打发蛋清接近干性发泡。	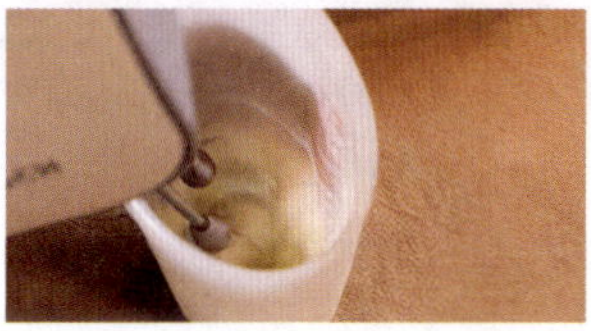	**技能点：** 提前将蛋清打发至干性发泡能缩短加入热糖浆后的打发时间。如果没有打发到目标状态，也不意味着失败，后续控制好各步骤一样可以成功。
	3. 当糖浆温度达118℃时，立即离火，将糖浆缓慢倒入蛋清，同时高速搅打蛋清至干性发泡，完成意式蛋白霜的制作。		**知识点：** 1. 糖浆温度在117～122℃之间比较适合用于制作意式蛋白霜，过高会导致糖浆黏度过大，不易与蛋清融合。此外，蛋白霜温度过高导致黏度较大，影响外壳入炉后的膨发。 2. 高温糖浆冲入蛋清能起到杀菌的作用。
	4. 将扁桃仁粉、糖粉和另一份蛋清混合均匀，混合时采用刮压的手法进行。		
	5. 分3次加入蛋白霜混合。第一次混合：边转盆边混合均匀，接着边转盆，边刮压至均匀，及时清理刮板上的蛋白霜，刮回盆中继续刮压。		**技能点：** 第一次混合，主要目的是混合均匀，手法不必过于讲究，适度消泡是正常的，也是需要的。
	6. 第二次混合：蛋白霜盖住粉糊，一边转盆，一边采用翻拌手法混合均匀，及时清理刮板上的蛋白霜。		**技能点：** 从第二次混合开始，要采用翻拌的手法，尽量避免更多消泡。
	7. 第三次混合：加入蛋白霜后，重复第二次动作直至扁桃仁糊变成均匀、光滑以及有流动性的糊状。		**技能点：** 第三次混合后，用刮板取部分面糊使其自由落下，面糊状态从似流非流，到顺流而下，都是正常的。

实施环节	实施步骤	实施图片	知识点/技能点
（二）制作外壳	8. 油纸下方垫规则图形纸。裱花袋剪出合适大小的口，一只手垂直拿裱花袋，一只手控制流量，按照图纸挤出均匀圆形。		**技能点：** 用圆形花嘴挤制效果会更好，面糊更易挤成圆形。
	9. 挤满一盘后，抽出图形纸，随后提起烤盘，从高20cm处振盘3～4次，将表面振平后用牙签挑掉表面的气泡。		
	10. 室温晾皮，直至用手触摸表面，不会有物料粘手，且触摸的手感像是在触摸自己颧骨处的脸颊。	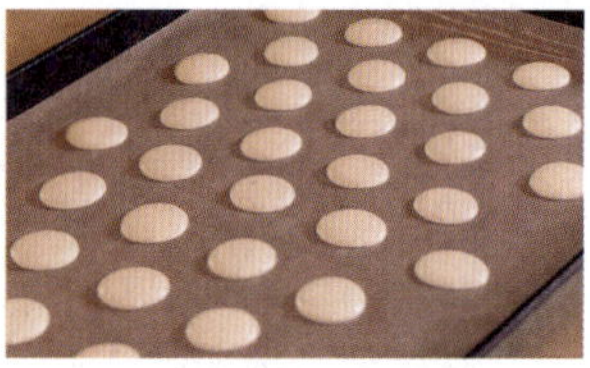	**技能点：** 如果空气湿度大，可以用吹风机吹扫晾皮，离挤好的面糊高约30cm，低档热风来回吹扫；也可以将面糊置于风炉中，不预热，直接烘烤，前期升温过程就是晾皮过程。
	11. 晾皮之后，将烤盘四个角用磁铁压住，放入温度为150℃的热风炉中烘烤约10min。		
	12. 在上色之前或上色很浅时取出，取出后从高20cm处振盘1次，置于烤架上冷却至室温。		
（三）制作馅料	1. 将柠檬汁和柠檬皮碎一起放在锅中加热。		

实施环节	实施步骤	实施图片	知识点/技能点
（三）制作馅料	2. 鸡蛋和细砂糖一起打发至浓稠，柠檬汁煮沸后，缓慢倒入鸡蛋中，搅拌均匀。		
	3. 再倒回锅中，继续加热，一边加热一边用手动打蛋器搅拌，直到温度为83℃，变黏稠为止。		**知识点：** 蛋乳酱加热至83℃左右，既能杀菌，又能在蛋白质不变性的条件下得到最大的黏稠度。
	4. 倒回盆中，冰水浴冷却至40℃左右。	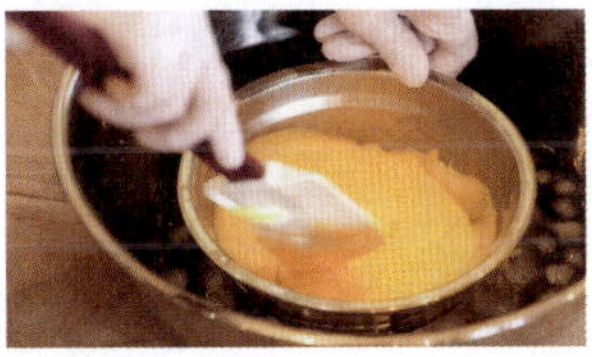	
	5. 黄油充分软化，用电动打蛋器打至蓬松羽毛状，将两者混合均匀，装袋。		
（四）制作馅中馅	1. 将黄杏果茸和芒果果茸放入厚底锅中，回温至25℃左右，加入黄柠檬汁和黄柠檬皮碎，再加入转化糖，以手动打蛋器搅拌均匀，确保转化糖溶解。		
	2. NH果胶先与细砂糖混匀，再一次性倒入，用手动打蛋器混合均匀后，盖上盖子，静置5min。		**知识点：** 果胶先与细砂糖混合，是为了增加果胶的溶解性。

实施环节	实施步骤	实施图片	知识点/技能点
（四）制作馅中馅	3. 用电陶炉在160℃左右加热，边加热边搅拌，煮至快沸腾时换用刮刀，煮至小泡泡冒出，即可离火。		
	4. 当温度降至80℃左右时，加入泡软的挤干水分的明胶，搅拌溶解，然后当温度降至40℃左右，装入裱花袋中，备用。		
（五）组装冷藏	1. 将冷却好的马卡龙壳翻转，在中间部分挤上柠檬馅，再在夹馅中间挤入馅中馅，最后用另一个外壳夹住。		知识点： 与外壳直接接触的夹馅中一般都含有黄油，否则馅料中的水分很容易大量迁移至外壳，导致外壳口感过于松散，不含油脂的馅料可以作为馅中馅。
	2. 将组装好的马卡龙放入保鲜盒中，置于冰箱冷藏24h。	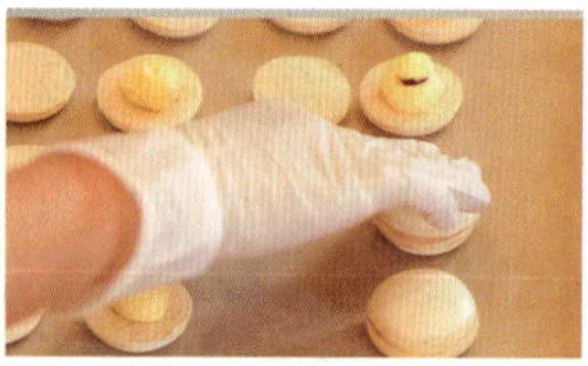	知识点： 在冷藏过程中，馅料中部分水分会迁移至外壳，这个过程也称作浸润。这会使外壳的口感变得更有韧性，同时和馅料之间的搭配会更加协调。

典型工作环节三
问题反思及产品评价

一、常见问题及原因

1. 成品表面出现油斑

成品表面出现油斑是由原料扁桃仁粉出油导致的。如果是轻微出油，成品放置到第二天会有所好转，但对于已经出油的扁桃仁粉，最好的选择就是不用。

2. 没有裙边或裙边不明显

马卡龙产生裙边的原理是糖从饱和变成过饱和，从而产生裙边，因此不产生裙边或者裙边不明显主要是糖的原因，比如过分减糖使糖达不到过饱和的状态，就不会产生裙边；再比如用海藻糖取代蔗糖的比例过大，也会使蔗糖达不到过饱和的状态。首先，在一定的范围内可以减糖，但减糖的同时一定要降低水分，才能实现过饱和。其次，使用风炉烘烤比层炉更能得到漂亮的裙边。再次，晾皮时间过长或过短也会影响裙边。

3. 内部出现空心

出现空心一般有三种原因：（1）面糊过稠或者过稀，面糊状态在似流非流到顺流而下之间都是可以的；（2）烘烤温度过低；（3）扁桃仁粉品牌众多，粉的颗粒大小、粉的吸水性等都有影响，可以选择过筛处理来控制颗粒大小。

4. 表面出现裂纹

出现裂纹可能是因为晾皮时间过长。晾皮时间过长会使得外层变干，烘烤过程中很快结皮，随后内部的蒸汽压就会导致外表面开裂。

5. 产品失去原有口感

产品失去原有口感主要是与放置的时间有关。一般来说，冷藏浸润后的马卡龙可以继续冷藏放置1周，口感基本不受影响，放置太久，馅料就容易出现水油分离，失去顺滑口感，彼时水分也会大量迁移至外壳。想要放置更久需要冷冻保存，冷冻1个月之内口感基本不受影响，食用前放置于冷藏室回温。

二、感官评价

序号	指标	情况描述	分值范围	得分
1	外观（40分）	外壳表面平整、光滑、无油斑，具有明显而美观的裙边，馅料厚度适中，馅料与外壳层次清晰，整体饱满	35 ~ 40	
		外壳表面比较平整，有比较明显的裙边，馅料厚度适中，馅料与外壳层次比较清晰，整体比较饱满	25 ~ 35	
		外壳表面出现裂纹、凸起或者油斑，没有明显的裙边，外壳颜色过深，馅料与外壳颜色搭配不协调，整体不够饱满	10 ~ 25	

续表

序号	指标	情况描述	分值范围	得分
2	质构（30分）	外壳有一定的韧性，夹馅顺滑不流动，切开后，外壳部分无空心，夹馅厚度一致	25～30	
		外壳具有比较柔韧的质构，夹馅比较顺滑，切开后，外壳部分有空心，夹馅厚度比较一致	15～25	
		外壳偏硬或过软，夹馅粗糙或流动性明显，切开后，外壳具有明显的空心	5～15	
3	口感（30分）	外壳具有明显的烤扁桃仁香，口感柔韧，馅料爽滑可口，外壳和馅料口感搭配协调，整体甜而不腻	25～30	
		外壳香气不足，口感偏干或偏软，馅料比较顺滑，外壳和馅料口感搭配比较协调	15～25	
		外壳有不良气味，口感太干或太软，馅料粗糙或过稀，外壳和馅料口感搭配不协调	5～15	

典型工作环节四

课后巩固与拓展

一、巩固练习

1．制作马卡龙对扁桃仁粉有哪些要求？

2．请你说说马卡龙加工过程中晾皮的方法及作用。

3．请你谈一谈，糖浆为什么要煮至118℃？糖浆温度过高或过低有什么影响？

4．请结合拓展微课资源，尝试用不同的果蔬粉来对扁桃仁粉进行替换，再结合馅料搭配，创新产品。

二、拓展资源

请扫码观看茉莉抹茶马卡龙微课。

茉莉抹茶马卡龙微课

马卡龙外形小巧精致、色彩绚丽，搭配精美的包装，常作为伴手礼或作为装饰物用于生日蛋糕、甜品台等。因为马卡龙甜度较高，常与咖啡或茶进行搭配。门店销售的马卡龙绝大部分都来自工厂集中生产，手工制作的马卡龙较少，但如果想要深入了解马卡龙或者想要创新产品，掌握它的加工工艺是最基础的要求。

对马卡龙来说，可以从造型及口感两个方面对产品进行创新，在造型方面，可以制作心形马卡龙，也可以在外壳上用不同颜色的杏仁糊来制作卡通人物等造型；在口感方面，可以开发新的馅料来中和外壳的高甜度，实现产品的甜而不腻，比如本次实训的柠檬馅，以及拓展微课中的抹茶馅，当然，还可以制作巧克力馅等。考虑到外壳和馅料之间的协调，当馅料变化时，外壳也需要作出相应调整，比如巧克力馅，用原味外壳来搭配就不如可可外壳的效果好。除了这些常规的原料，还可以用一些地域特色物料进行创新，比如可以添加紫薯粉、草莓粉等制作外壳，以及采用芋泥、榴莲等制作新口味馅料。

参考文献

［1］李里特，江正强．焙烤食品工艺学［M］．2版．北京：中国轻工业出版社，2016.

［2］张冬梅．烘焙工艺与实训［M］．北京：科学出版社，2019.

［3］黎彩平．烘焙食品加工与检验［M］．北京：机械工业出版社，2014.

［4］陈洪华，李祥睿．面点制作教程［M］．2版．北京：中国轻工业出版社，2021.

［5］韦恩，吉斯伦．专业烘焙［M］．3版．谭建华，赵成艳，译．大连：大连理工大学出版社，2004.

［6］竹谷光司．面包科学终极版［M］．胡家齐，译．台北：大境文化事业有限公司，2016.

［7］陈平，陈明瞭．焙烤食品加工技术［M］．北京：中国轻工业出版社，2017.

［8］钟志惠．烘焙食品加工技术［M］．南京：东南大学出版社，2015.

［9］张永亮，仇志俊．烘焙［M］．上海：上海教育出版社，2023.

［10］周发茂．西餐烘焙技术［M］．北京：高等教育出版社，2022.

［11］陈霞．西点工艺［M］．北京：中国纺织出版社，2019.

［12］德国国家面包师团队．面包经典烘焙术：科学原理、专业秘诀、进阶配方［M］．安宁，译．武汉：华中科技大学出版社，2022.

［13］保拉・菲戈尼．烘焙原理［M］．许学勤，译．北京：中国轻工业出版社，2019.